祝酒词

张根柱

文化发展出版社
Cultural Development Press

· 北京 ·

图书在版编目（CIP）数据

祝酒词 / 张根柱著 . -- 北京 ：文化发展
出版社，2025. 3. -- ISBN 978-7-5142-4561-5

Ⅰ . TS971.22

中国国家版本馆 CIP 数据核字第 2024NZ1410 号

祝酒词

著　者　张根柱

责任编辑：唐志峰　　　　　　责任校对：侯　娜
责任印制：杨　骏　　　　　　封面设计：彭明军
出版发行：文化发展出版社（北京市翠微路 2 号 邮编：100036）
网　　址：www.wenhuafazhan.com
经　　销：全国新华书店
印　　刷：三河市天润建兴印务有限公司

开　　本：710 mm×1000 mm　1/16
字　　数：204 千字
印　　张：13
版　　次：2025 年 3 月第 1 版
印　　次：2025 年 3 月第 1 次印刷

定　　价：49.80 元
ＩＳＢＮ：978-7-5142-4561-5

◆　如有印装质量问题，请电话联系：18511531999

前言

　　中国是酒的故乡，在中国五千年的历史长河中，酒扮演着重要的角色。在国人眼中，酒不仅是一种古老的饮品，更是一种文化。我国历朝历代的先辈们留下了许多关于酒的名作或者典故，如李白的《将进酒》《月下独酌》，欧阳修的《醉翁亭记》等名篇佳作，以及酒池肉林、鸿门宴、煮酒论英雄、杯酒释兵权、贵妃醉酒等历史典故。

　　在数千年的文明史中，酒存在于社会生活的方方面面。结婚生子、逢年过节、生日祝寿、职位升迁、商务宴请等场合，人们都要以酒助兴、把酒言欢。酒自从问世以来，就成了宴席上必不可少的美好陪伴，上自隆重的国宴，下到平民百姓的小聚，酒如影随形。酒过三巡，即便是陌生人，也会在推杯换盏中，拉近彼此的距离，找到共同的话题，增进感情，这就是酒的神奇魅力。

　　宴席上仅喝酒，缺少趣味性，为了烘托气氛，古代的文人会一边喝酒一边吟诗作对，王羲之的《兰亭集序》就是"曲水流觞"的杰作。现在酒桌上常玩的一种游戏行酒令也是从古代流传而来的。如今，比较正式的宴会虽不再流行吟诗作对和行酒令，但致祝酒词成了宴会中不可或缺的一部分。致祝酒词是招待宾客的一种礼仪形式，可以烘托宴会的气氛，增加情趣。

　　场合不同，面对的对象不同，祝酒词的内容上也会有所差别，如何才能因地制宜、因人制宜地讲好祝酒词呢？这考验着一个人的智慧与语言表达能力，而且在关键的时候出口成章，说一篇精彩的祝酒词，会让人刮目相看，给人留下深刻的印象。所以，我们平时要养成积累的习惯，以备不时之需。这也是作者创作此书的初衷。

　　本书详细地介绍了节庆、生日、婚宴、升学、聚会、职场、商务、庆功、乔迁等九大场景下的祝酒词范例。书中因场合和致辞人身份的不同，介绍的祝酒词的风格多种多样，有的庄重严谨、有的幽默风趣、有的感人至深，可以满足不同的需求。

酒之初，礼之用。酒本为仪礼而生，本书专门设计了"酒礼酒俗"版块，不仅可以让我们感受到中国酒文化的博大精深，也能让我们避免在酒桌上做出失礼的行为。

俗话说，人未动，礼先行。在阅读此书之前，我们先来了解一下餐桌座次礼仪。总体原则为"尚左尊东""面朝房门为尊"。餐桌多种多样，但以圆桌最为常见，下面重点展示一下在不同的饭局中圆桌的座次讲究，如下图所示。

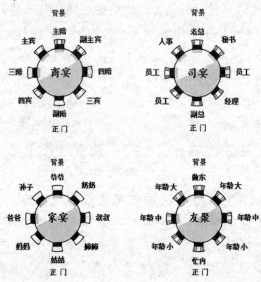

相信在阅读完此书后，我们会对各种宴会的祝酒礼仪有一个全面的了解，在各种宴会场合致祝酒词时能做到妙语连珠、游刃有余。

目录

第一章

节庆：每逢佳节情更浓，
金樽美酒聚心意

　　每逢佳节情更浓，一杯美酒汇情意。每逢
节日，亲朋好友围坐在一起，推杯换盏，举杯
共饮，不仅增添了过节的氛围，更增进了彼此
的感情。在这样的日子里，把对亲朋好友的美
好祝福大声地说出来吧，让他们感受到你的深
情厚谊。

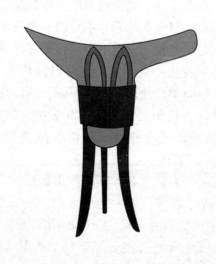

元旦：古今不同日，酒俗不曾改

每年公历的第一天，即 1 月 1 日，是元旦，又称为"阳历年"，是世界多数国家通称的"新年"。元是初、开始之意，旦指天明的时间，故"元旦"是"初始之日"的意思。

目前，在我国民间有些地方依然保留着中国传统的庆祝元旦的方式，如燃放爆竹，杀鸡宰鹅，祭拜先祖和神灵，全家人团聚在一起，一起吃一顿丰盛的家宴。

不过，现在比较普遍的庆祝元旦的方式，都是一些由团体组织的活动，如元旦联欢会。一些年轻人更热衷于利用假期时间外出旅游，与朋友聚会等，虽然元旦少了一些传统的味道，但是自古至今，元旦饮酒的习俗不曾改变。

【酒礼酒俗】

元旦的时候，古人会饮什么酒来庆祝呢？在回答这个问题之前，我们首先应明确：古代的元旦与今天的元旦不是同一个日子。

古代的元旦指的是正月初一。但不一定指现在的春节。现在的春节指的是农历的正月初一。农历一月为正月，所以古代将正月初一定为元旦。但是我国不同时期、不同朝代使用的历法不同，所以导致了正月的不同。

我国有名称可考的古代历法就多达 100 多种，如比较有名的黄帝历、颛顼历、周历等，虽然历法有很多，但将元旦主要规定在农历的四个月里。

黄帝历将十一月初一定为元旦；商代使用殷历，将十二月初一定为元旦；秦始皇统一中国后，将十月初一定为元旦。公元前 104 年，汉武帝启用太初历，确定以正月初一为元旦，一直沿用下来，直到 1949 年 9 月 27 日，我国开始使用公元纪年法，将公历 1 月 1 日正式确立为"元旦"，并列入法定假日，成了全国人民的节日。

这就是古今元旦的不同。古代的元旦又称为元日、端日、岁朝、履端、上日等，是非常重要的节日，古人过元旦就和我们现在过春节一样热闹，会饮椒柏酒、屠苏酒，关于这两种酒会在春节这一节中详细介绍，在此不再赘述。

【祝酒词】

因国人习惯将农历正月初一作为春节，加上元旦临近春节，所以，人们对元旦的庆祝活动不是很隆重，显得有些冷清。通常企业会举行一些元旦晚会，丰富员工的业余文化生活，提高凝聚力、增强团队精神。在这样的场合，企业领导致祝酒词要鼓舞员工的士气，表达对员工的感谢与祝福。

元旦晚会祝酒词

【主题】节庆祝酒

【场合】公司元旦晚会

【人物】公司全体员工

【致辞人】公司领导

【致辞风格】激情澎湃、语言庄重

兄弟姐妹们：

大家晚上好！

爆竹声声辞旧岁，又是一年春来到！先向大家深施一礼，道一声："大家辛苦了！祝大家元旦快乐！"

时光似箭，日月如梭。不知不觉，我们携手相伴十余载，风风雨雨走过了一程又一程，是缘分，亦是天意。周武王没有姜太公伐不了纣，刘备没有诸葛亮建不了蜀汉，×××公司缺少了在座的每一位，无法铸就今天的辉煌。

饮水思源，缘木思本；滴水之恩，涌泉相报，不论是现在还是未来，我愿与诸位同舟共济，有福同享，有难同当！

展望新的一年，机遇与挑战并存，但只要我们有精卫填海的信念，有卧薪尝胆的决心，有破釜沉舟的意志，公司定会芝麻开花节节高！兄弟姐妹们，请大声告诉我："你们做好迎接挑战的准备了吗？"

人生得意须尽欢，莫使金樽空对月。来，让我们共同举杯，愿新的一年，吉吉利利，百事都如意。

春节：饮屠苏，多喜乐

春节是中华民族最隆重的传统佳节，距今已经有 4000 多年的历史了。每到春节临近，国人都要进行一次人口大迁徙，不论相隔千山万水，还是贫穷与富有，人们都要不辞辛苦地回到家乡，与亲人团聚，这就是国人的春节情结。

无酒不成席，在这共享天伦之乐的日子里，酒自然是餐桌上少不了的主角儿。春节饮酒是老祖宗自古就传下来的习俗，人们不管会不会喝酒，能喝多少，都要抿上一两口，关于春节饮酒的礼节与讲究，更是要牢记于心。

【酒礼酒俗】

早在西周时期，我们的先祖就会在辞旧迎新之际饮酒庆贺，预祝来年五谷丰登，人畜兴旺。那么，古人会饮什么酒呢？古人比较注重养生，饮用的多是保健酒。

1. 椒柏酒

椒柏酒是用柏叶、花椒浸泡的保健酒，天寒地冻时节，饮此酒能暖胃。东汉时期的文献《四民月令》中说道："子妇曾孙，各上椒柏酒于家长，称觞举寿。"意思是说，晚辈要给长辈敬酒，向长辈祝寿。

我国是礼仪之邦，琼浆玉液虽美味，也不能着急一饮而尽，饮酒前，必须有仪式感，要行椒花颂。据《晋书》记载，晋人刘臻的妻子陈氏，聪慧有文采，曾在正月初一献《椒花颂》，后来行椒花颂的习俗就流传了下来。

什么是椒花颂呢？用现在的话来说，就是新年祝词。现在人们依然保留着过年晚辈向长辈敬酒的习俗，饮酒之前也会向长辈说一些吉利话、祝福语。

2. 屠苏酒

大多数人听说屠苏酒多源于王安石的《元日》："爆竹声中一岁除，春风送暖入屠苏。千门万户曈曈日，总把新桃换旧符。"

正月初一，古人会饮屠苏酒来避瘟疫。据说此酒是东汉的名医华佗研制的，是将白术、桂枝、大黄、花椒、乌头、防风、附子等中药，放入酒中浸泡而成。不过，将屠苏酒发扬光大的据说是唐代名医孙思邈。

每年到了年底，孙大夫总会给乡邻们送草药，嘱咐大家把药用布袋缝好，投放到井中，等到大年初一这天，人们把井水打上来，和着美酒一饮而尽，这样一年都不会得瘟疫。

当时百姓不知道这名神医姓甚名谁，因为神医给自己住的茅草屋起名为"屠苏屋"，于是大家就将药酒称为屠苏酒了。当然，关于屠苏酒的由来还有多种说法，这只是流传最广的一种而已。

通常饮酒时，都是年长者先喝，年幼者后喝。但是饮屠苏酒正好相反，这一点在北宋文学家苏辙在《除日》中也能得到佐证，"年年最后饮屠酥（即屠苏酒），不觉年来七十余"。那么，为什么会让年幼者先饮酒、年长者后饮酒呢？

因为春节的到来，意味着儿童又长大了一岁，这是值得庆祝的事情，而对于年长者来说，又老了一岁，他们希望时间过得慢一些，所以屠苏酒也称为岁酒。

【祝酒词】

春节是一年之中最重要的一个节日，逢此佳节，亲朋相聚，小酌几杯，乃人生之幸事。"酒之初，礼之用"，古代人喝酒非常注重酒礼，喝酒前必会说几句祝酒词暖场、助兴，现在也不例外，春节致祝酒词要表达出对亲友的美好祝福。

春节亲朋相聚祝酒词

【主题】节庆祝酒
【场合】家宴
【人物】亲朋好友
【致辞人】宴会的组织者

【致辞风格】热情、亲切、幽默

各位亲朋好友：

大家晚上好！

人间至味是团圆，一壶浊酒喜相逢，共庆新年笑盈盈。往日你我天南海北，各赴前程，每逢佳节倍思亲，不远万里把家回，闲坐小酌，把酒言欢。

今朝喜见良辰，酒不醉人人自醉，孩子们聪明伶俐，兄弟姊妹互帮互助，长辈们平安健康，这就叫幸福。鸟自爱巢人爱家，有家心才安，有家人心才暖，人生不求大富大贵，只求团团圆圆，平平安安。

感谢人生旅途有家人陪伴，在我疲劳时，有温暖的怀抱停靠；在我萎靡不振时，有人为我加油助威；在我取得成绩时，有人为我喝彩。

有酒才是年，让我们举杯共饮，愿年年有今日，岁岁有今朝，祝长辈们福寿绵长，好比人间长寿仙；祝兄弟姊妹有人爱有人疼，事业蒸蒸日上；祝孩子们学业有成，金榜题名！

好运陪着你，财神跟着你，幸福属于你，霉运躲着你，喜事伴着你！

元宵节：汤圆配酒，幸福长久

你知道正月十五为什么称为元宵节吗？因为正月是农历的元月，古人称"夜"为宵，正月十五是一年中首个月圆之夜，故得名元宵节。

元宵节又称为上元节、灯节，是我国的传统节日，始于汉朝，距今已经有2000多年的历史了。在元宵节这一天，古人会向天宫祈福，用五牲（古代用作祭品的五种动物，即牛、羊、豕、犬、鸡），果品，酒来祭祀。祭礼完成后，一家人会围坐在一起，畅饮一番，来祝贺春节的结束。晚上，吃过元宵（或汤圆）后，大家呼朋引伴，去看花灯，猜灯谜，看烟火，热闹非凡。

现在，元宵节依然保留着吃元宵（或汤圆）、赏花灯、猜灯谜、放烟花的习俗，在一些地方还增加了踩高跷、舞狮子、扭秧歌、划旱船等传统习俗表演，热热闹闹地过完元宵节，这个年才算过得圆满。之后，大家各奔前程，开始新一年的征程。

【酒礼酒俗】

元宵佳节之际，怎么能少得了汤圆与美酒的邂逅呢？古人在元宵节饮酒，是有据可循的，蒲松龄写过一首七律，名为《元宵酒阑作》，其中有这样两联：雪篱深处人人酒，爆竹声中客唤茶。酣醉惟闻箫鼓乱，却忘身是在天涯。四大名著之一的《红楼梦》中也写道，在荣国府元宵家宴上，太太、千金一起玩行酒令的盛况。

那么，古人在元宵节会饮什么酒呢？在广东一带，人们会在元宵节这一天饮灯酒。这一习俗起源于明末清初，距今约有400年的历史了，最初饮灯酒是为了祭祀土地，祈祷风调雨顺，五谷丰登，或者是庆祝添丁进口。每年开灯期间，添丁进口的人家需要向社公和祠堂提供白酒，称之为"灯酒"。如今，广东一些地方还保留着这个习俗。

浙江杭州、绍兴等地的百姓，称元宵为"年宵"。因年宵与年消同音，故年宵有消完年货、消除年味之意。人们会在这一天喝年宵酒（通常为自制的黄酒和青梅酒），寓意新的一年会圆圆满满，前程似锦。

此外，朝鲜族还有喝耳明酒的习俗，耳明酒通常为凉酒，在正月十五的早晨，空腹喝下，寓意是新的一年耳聪目明，而且一年到头听到的都是好消息。

【祝酒词】

在很多人的观念中，似乎只有过完元宵节，这个年才算真正结束，此后一家人又要分别，各自为事业忙碌，为家庭奔波，所以元宵节的祝酒词大多围绕着团圆来展开，因又是灯节的缘故，有的祝酒词中也会将一些灯谜穿插其中。

元宵节亲朋相聚祝酒词

【主题】节庆祝酒

【场合】家宴

【人物】亲朋好友

【致辞人】宴会的组织者

【致辞风格】热情、亲切、幽默

各位亲朋好友：

大家好！

大红灯笼高高挂，又是一年元宵时。今天灯圆月圆人团圆，大家个个笑开颜，小小汤圆蜜又甜，配上美酒乐逍遥，满满的一桌子菜，载着浓浓的情。我多么希望美好的时光定格在这一刻，但我们不能因贪恋此刻，忘记了前行的步伐。

虽然我们相聚的时光短暂，但这份情义却能永远保留在心间。时光匆匆，过完元宵节，我们又要说再见，重新启程，不要难过，不要感伤，因为我们是为梦想而前行，为成就更好的自我而奋斗，相信来年我们定会更好地回归，重聚一堂。

远行虽远，但不是疏离，更不是分割，相知无远近，万里尚为邻。不管大家相距多远，牵挂不会因为距离而阻断，情意不会因为距离而变淡，思念一定会让我们的心走得越来越近。希望大家在奔赴前程的路上常联系，有快乐一起分享，有困难一起分担。

来，让我们共同举杯，一起邀明月，见证我们的团圆与幸福，祝福我们今年更好，期待下一次团圆！

清明节：踏青扫墓，以寄哀思

清明节又称为踏青节、祭祖节等，是中华民族最隆重的祭祖节日。在这一天，人们会祭扫祖坟，缅怀先人。关于清明节的由来，要从寒食节说起。

相传寒食节是为了纪念春秋时期晋国的忠义之臣介子推而设立的节日。公子重耳为了躲避祸乱，流亡他国长达十九年，在此期间，介子推一直追随在左右，为了给重耳充饥，介子推忍着剧痛，割掉大腿上的肉，献给重耳，故有割股啖君一说。

后来，重耳回国主政，成为了晋文公，介子推却带着母亲选择隐居绵山，为了迫使介子推出山相见，晋文公下令放火烧山，但介子推誓死不出山，最终和母亲一起被烧死于绵山。为了纪念介子推，晋文公下令在他的死难日禁火寒食，以表示对介子推的思念，这就是寒食节的由来。

唐朝诗人韩翃，写过一首诗，名为《寒食》，记录了中唐时期过寒食节的盛况，其中有这样两句：日暮汉宫传蜡烛，轻烟散入五侯家。意思是说，寒食节虽然禁火，但是那些得宠的高官权贵，却可以得到皇上御赐的烛火，不用寒食。

相传，介子推过世的第二年，在寒食节的次日，晋文公上山祭拜，他来到了当初介子推被焚的那棵柳树下，竟发现那棵柳树奇迹般地长出了新芽。晋文公大为震惊，遂封这棵柳树为清明柳，寓意介子推追求政治清明的远大抱负，这就是清明节的由来。后来因寒食节与清明节相隔得太近，慢慢地合二为一，称之为清明节。

【酒礼酒俗】

每每清明节来临，我们不由得就会想起唐代诗人杜牧所写的《清明》一诗："清明时节雨纷纷，路上行人欲断魂。借问酒家何处有，牧童遥指杏花村。"这首诗杜牧虽没明说清明节饮酒，但说出了清明节与酒有着千丝万缕的联系。北宋诗人王禹偁所作的《清明》则将清明饮酒这件事板上钉钉，他写道："无花无酒过清明，兴味萧然似野僧。"

那么，清明节为什么要饮酒呢？大概有三个原因：第一，寒食节期间，因禁火只能吃生冷食物，喝酒可以暖胃，让身体感到温暖。第二，在祭扫祖坟时，人们会带上酒菜、供品、香烛进行祭拜，并叩首祷告。祭祖之后，会将酒菜等拿回去，大家一起饮酒聚餐，称为吃上坟酒。第三，祭祖的时候，不少人因怀念亲人，心中难掩悲伤，适量饮酒，可以麻痹神经，在一定程度上减少悲伤。

此外，清明节正值春暖花开之际，天气转暖，人们纷纷走出户外活动。所以，人们常常会利用为亲人扫墓的机会，约上亲朋好友一起踏青，这也少不了聚餐喝酒。

【祝酒词】

清明节祭祖一般都是同族的人，吃上坟酒的人也都是亲人，通常祭祖活动由同族中辈分较大的人来主持，这是一种非常隆重且庄重的活动，在聚餐期间，长辈多会致祝酒词，其内容包括对先人的思念和追忆，也有对后辈人的祝福和鼓励。

清明节亲人相聚祝酒词

【主题】节庆祝酒
【场合】家宴
【人物】亲人
【致辞人】族中长辈代表
【致辞风格】庄重、温情、有感染力

各位亲人：

大家好！

清明，是万物复苏的时节，也是缅怀故去亲人的日子，带着对故人深深的思念，我们相聚于此。首先，让我们举起杯中酒，向故去的亲人致以深深的思念，饮水思源，没有故人岂来我？铭记故人的恩德，砥砺前行，是我们献给故人的最高礼节，若地下有知，故人一定会含笑九泉。

其次，在今天这个日子里，我们心中难掩悲伤，与故人相处的点点滴滴，恍如昨日，他们的音容笑貌在心中久久回荡。斯人已逝，我们要将思念珍藏在心底，好好地过好当下，珍惜身边人，我们过得幸福快乐，才是对故人最好的怀念。

最后，请让我们双手合拢，祝愿故去的亲人安息，祝愿你我幸福，期待明年山花烂漫时再来见故人，再让我们齐聚一堂。来，让我们一饮而尽杯中酒。

清明时节寄哀思，花香袅袅故人知，先人安息天堂上，佑我亲朋皆安康。

母亲节：堂前忘忧草，孝母陈皮酒

母亲节起源于希腊，古希腊人会在 1 月 8 日这一天向希腊神话中的众神之母赫拉表达敬意。不过，现代意义上的母亲节起源于美国，是由一位名叫安娜·贾维斯的女子首先发起的。

1906 年 5 月 9 日，贾维斯的母亲去世，她悲恸欲绝。在第二年母亲的忌日，她组织了追思母亲的活动，并鼓励他人也用类似的方式来表达对母亲的爱与感激。后来，在贾维斯的推动下，美国将贾维斯母亲去世的日子，即五月的第二个星期日，作为母亲节。人们通常会在母亲节这一天，送给母亲一束康乃馨，故康乃馨被称为母亲花。

20 世纪末，西方的母亲节传入中国。那么，在此之前，我国有本土母亲节吗？我国最早的母亲节是农历的三月十八日，相传这一天是人类始祖女娲的生日，人们会到女娲庙焚香叩拜。

我国不仅有母亲节，还有母亲花，我国的母亲花是萱草。唐代诗人孟郊在《游子》一诗中写道：萱草生堂阶，游子行天涯。慈亲倚堂门，不见萱草花。因萱草花开放的时候，其外形看上去很像女人的手指，看到此花，不由得让人想到母亲为孩子缝补衣服的样子。

相传古人出门远游，会在庭院种上萱草，以此来减轻对母亲的思念之情，故萱堂为母亲的代称。另外，萱草还有一个别称叫忘忧草，寓意是希望辛勤的母亲能够乐以忘忧。

花无百日红，萱草虽美但容易凋谢，所以，古人也会通过绘画萱草献给母亲，来表达对母亲的敬意与感激，比如，明代绘画大师陈淳创作过一幅《萱草寿石图》，题诗道：幽花倚石开，花好石亦秀。为沾雨露深，颜色晚逾茂。愿母如花石，同好复同寿。

【酒礼酒俗】

现在人们会在母亲节这一天，亲自下厨为母亲做一顿丰盛的饭菜，或者带母亲到饭店享用一顿美餐，大家一起举杯为母亲祝福。席间，你会为母亲准备什么酒水呢？或许葡萄酒最适合妈妈吧。那么，古人会给母亲准备什么酒呢？

传统客家人都会酿糯米酒，称之为娘酒，因为它主要用来给坐月子的女人补身子。据说客家女人生过孩子后，每天都会食用娘酒炒鸡，这道菜既可以帮助产妇快速恢复体力，又能活血化瘀、滋补身子。这一习俗已经有上千年的历史，所以在客家人心目中娘酒是真正的母亲酒。

在江苏盐城还有一段关于陈皮酒的故事，公元1021年，范仲淹出任泰州西溪盐仓监，他的母亲体弱多病，却很讨厌服用汤药。范仲淹是个大孝子，看母亲受苦很是着急，四处打听，终于从一位名医处，寻得一剂良方，即用糯米配上中药，制成药酒。范母饮用后，很快就痊愈了。

后来，范仲淹得知当地妇女产后多体弱多病，于是在民间推广饮用此酒。此酒酿制后要用瓮贮藏，便取名"陈醅酒"，因谐音且酒中含有陈皮，故称之为"陈皮酒"。

【祝酒词】

近年来，西方的母亲节逐渐被国人所接受，人们会在这一天抽出时间陪伴母亲，表达对母亲的感激和爱意，也会举办一个小型的家庭宴会，一家人快快乐乐地陪伴母亲过一个幸福的节日。在这样的场合，围绕母爱、报答母亲恩情等方面展开致祝酒词最为适宜。

母亲节祝酒词

【主题】节庆祝酒
【场合】家庭宴会
【人物】家庭成员
【致辞人】晚辈代表
【致辞风格】深情、幸福、甜蜜

各位亲人：

大家好！

今天是一个神圣的日子，是妈妈的节日——母亲节。我不由得想起唐代诗人孟郊的《游子吟》，默默地在心中吟诵：慈母手中线，游子身上衣。临行密密缝，意恐迟迟归。谁言寸草心，报得三春晖。

我虽然在读幼儿园时就会背诵这首诗，但是真正理解这首诗的含义是在为人母之后。小时候妈妈扶着我们学走路，呵护我们周全；长大了，在外面受了委屈，妈妈会揽着我们入怀，轻轻地抚摸着我们的额头，用爱治愈我们的伤痛。无论长多大，妈妈永远是我们避风的港湾。

光阴似箭，日月如梭。不知不觉妈妈的背已经微驼，皱纹也悄悄爬上了脸庞，乌黑的头发中多了许多银丝。有时我在想：如果您不那么辛苦，不为我们日夜操劳，是不是就可以让美丽晚些凋零呢？

树高不离根，母爱似海深，孩儿寸草心，难报三春晖。亲爱的妈妈，如今您的孩子已经长大成人，您曾用坚实的臂膀，为我们撑起一片天，现在，我们也要用丰满的羽翼为您遮风挡雨。

妈妈，您辛苦了！千言万语道不尽您对我们的恩情，我们祝愿您母亲节快乐，永远健康幸福！

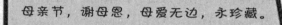

母亲节，谢母恩，母爱无边，永珍藏。

父亲节：父爱如山，敬酒感恩

　　父亲节是感恩父亲的节日，现已经在世界很多个国家流行，多数国家将每年六月的第三个星期日确立为父亲节。在这一天，人们会通过聚餐、赠送礼物等方式，表达对父亲的爱与感激。

　　世界上第一个父亲节诞生于 1910 年的美国，已经有一百多年的历史了，发起人是布鲁斯·多德夫人。多德夫人的母亲在生育第六个孩子时，死于难产。她的父亲威廉·斯马特先生是一个参加过南北战争的老兵，性格刚强，在妻子去世后，他一边工作，一边拉扯六个孩子，好不容易将孩子们养大成人，斯马特却因为过度劳累染病去世。

　　一次，多德夫人参加完教会的母亲节感恩礼拜后，想到了自己的父亲，她认为父亲对子女们的付出，一点都不逊色于母亲，于是多方呼吁，希望能以她父亲的生日 6 月 5 日作为父亲节。在她的努力下，最终州政府采纳了她的建议，并确定每年六月的第三个星期日为父亲节。

　　那么，中国有自己的父亲节吗？有！1945 年 8 月 8 日，上海发起了庆祝父亲节的活动，得到了市民的响应。后来，国民政府将每年的 8 月 8 日确定为父亲节，因为"父"字形同"八八"，且"八八"读音也与"爸爸"相同。

　　在这一天，子女会佩戴花朵来纪念这一伟大的节日，佩戴红花，向健在的父亲表达爱戴；佩戴白花，表达对逝去父亲的悼念。现在我国的台湾地区，依然把每年的 8 月 8 日定为"父亲节"。

【酒礼酒俗】

有人说：酒与男人有着不解的情缘，男人的情怀都装在酒里。纵观历史，无数名人的故事都与酒有关，李白斗酒诗百篇，贺知章酒逢知己千杯少，曹操与刘备青梅煮酒论英雄，赵匡胤杯酒释兵权，武松醉打蒋门神。

父亲节是男人的节日，这一天怎么能少得了酒呢？那么，子女为父亲敬酒，该注意哪些饮酒礼仪呢？

首先，向父亲敬酒时，要起身站立，右手端起酒杯，也可以用右手拿起酒杯后，再用左手托住酒杯底部，注意自己的酒杯高度要低于父亲的酒杯，以示对父亲的敬重。

其次，向父亲敬酒时，要面带微笑地看向父亲，并说一些祝福的话语，再碰杯。

最后，在陪父亲喝酒的过程中，要善于观察，若发现父亲的酒杯空了，可适时添一些酒。

值得一提的是，如果酒桌上还有其他亲戚朋友，敬酒时要按照由高到低的辈分进行，添酒亦如此。

【祝酒词】

父亲节这一天，一般会举行一个小型的家庭宴会，一家人围坐在一起，陪伴父亲过一个温馨幸福的节日。作为子女，当我们举起酒杯，该向父亲说些什么呢？祝酒词应该包括父爱、报答父亲养育之恩等内容。

父亲节祝酒词

【主题】节庆祝酒
【场合】家庭宴会
【人物】家庭成员
【致辞人】晚辈代表
【致辞风格】深情、幸福、甜蜜

各位亲人：

大家好！

今天是父亲节，我们欢聚一堂，陪伴我的父亲度过一段美好的时光。首先，请允许我代表我的兄弟姐妹，向父亲深鞠一躬，道一声：父亲，您辛苦了！

宋代诗人陆游写过一首诗，名为《冬夜读书示子聿》：古人学问无遗力，少壮工夫老始成。纸上得来终觉浅，绝知此事要躬行。陆游语重心长地告诫儿子，要趁着年轻，抓住美好时光，奋力拼搏，切勿虚度光阴。

> 父爱是一本书，书写浓浓关爱；父爱是一棵大树，遮挡无尽风雨；父爱是一缕阳光，驱走寒冷冬夜。

我的父亲不善言辞，他虽然不会像陆游那样给我讲大道理，但他会用实际行动来诠释父爱。小时候，当没有小伙伴和我一起玩耍时，父亲会把我扛在肩头，让我去够树上的树叶；当我闯了祸，父亲会拉着我的手，一起去给别人道歉；当我学业上遇到了困难，父亲会默默地陪伴我，挑灯夜读……

　　如今，我们已经长大，羽翼足够丰满。父亲，请您放心，我们会牢记您的谆谆教诲，努力生活，不会辜负您对我们的期望。未来的日子里，我们会好好地陪伴您，我们一起散步，一起下棋，您的健康平安就是我们最大的幸福。

　　最后，让我们共同举杯，祝父亲节日快乐，身体健康，幸福美满。

端午节：喝了雄黄酒，疾病绕着走

每年农历五月初五为端午节，端午节与春节、清明节、中秋节并称为我国四大传统节日。由于端午节一般在夏至前后，夏至时，太阳直射点在北回归线，古人通过肉眼就能观察到太阳位于天空的"正中间"，所以，端午节又被称为"天中节"。

关于端午节的由来，说法不一，其中流传最广的是战国时期的楚国诗人屈原在五月初五跳汨罗江自尽，后人便把端午节作为纪念屈原的节日。

因农历五月已经进入夏季，气温升高，蚊蝇滋生、毒虫横行，所以古时候有"五瑞驱五毒"之说，"五毒"指的是蝎、蛇、蜈蚣、蟾蜍、壁虎等；"五瑞"传统上是指艾草、菖蒲、石榴花、英丹、蒜等；有时把枇杷、蜀葵也包括在内，这些植物有防病治病，招福驱邪之作用。如今，端午节已经演变出了多种习俗，如赛龙舟，吃粽子，挂艾草，放风筝等。

【酒礼酒俗】

端午节饮酒自古有之，从古代文人墨客的诗词中就可以佐证这一点，北宋欧阳修的《渔家傲·五月榴花妖艳烘》中有这样两句："正是浴兰时节动。菖蒲酒美清尊共。"描写的就是人们在端午节这天举杯饮酒以驱邪避害的习俗。

与春节不同，端午节饮酒不是为了庆祝节日，更多是为了养生。那么，古人在端午节这天会喝什么酒呢？主要有以下三种。

1. 雄黄酒

在电视剧《白蛇传》中有这样一个桥段：在端午节那天，白素贞因误喝了雄黄酒现出了真身。自古以来，我国百姓就有端午节喝雄黄酒的习俗，俗语有言：喝了雄黄酒，疾病绕着走。古人将少量雄黄混合在白酒或者黄酒中饮用，认为可以预防疾病。

除了饮用，古人还会把雄黄酒涂在额头、耳鼻、手心、足心等位置，或者洒在墙根等处，用来驱虫。值得一提的是，喝雄黄酒有中毒的危险，因为雄黄的主要成分是二硫化二砷，加热后就会变成三氧化二砷，也就是我们常说的砒霜。所以饮用加热后的雄黄酒是非常危险的行为。

2. 五加酒

五加即五加树皮，具有强身健体的功效，民间有一种说法叫"五月五采五加，喝了五加强筋骨"。人们会在端午节这天出门采摘五加树皮，用它来酿酒或者泡酒喝，寓意家人平安健康。

3. 菖蒲酒

菖蒲乃"五瑞"之首，有"蒲剑斩千邪"之说，早在先秦时期，《周礼》等一些古籍中就有关于菖蒲酒的记载，将菖蒲根暴晒后，泡成蒲酒，既可以饮用，也可以用来驱散毒虫。

【祝酒词】

旅游景区会在端午节举办文化艺术节，吸引游客参观，带动当地旅游事业。在文化节招待宴会上，当地的主要领导须致贺词，端午节的贺词可以围绕追忆屈原展开，也可以加入一些关于端午节的习俗等内容。

端午节祝酒词

【主题】节庆祝酒
【场合】文化节招待宴会
【人物】各级领导、来宾
【致辞人】领导代表
【致辞风格】简明扼要，语言得体

尊敬的各位领导，朋友们：

大家好！

五月榴花妖艳烘，绿杨带雨垂垂重。在这风光秀丽的季节，我们在这里隆重地举行××县第×届端午文化节，我代表××对前来参加此次活动的各位领导、各位来宾表示热烈的欢迎和最衷心的感谢！

两千三百多年前，我国伟大的爱国诗人屈原因楚国都城郢都被秦军攻破，在绝望和悲愤之下怀抱大石投汨罗江而死。屈原忧国忧民情似海，高风亮节志凌云，今天我们相聚在这里，首先要向这位伟大的历史人物屈原致敬，他对国家、对人民、对理想的深深热爱，值得我们每个人学习。

缅怀先人，是我们对历史最起码的尊重，也是我们必须承担的责任。

多年来，我县多次举办端午文化节，其目的是让后人了解屈原及他的生平事迹，铭记先人的教诲，激发爱国情怀，把报国之志融入实际行动中去。

路漫漫其修远兮，吾将上下而求索。未来我们将会不断探索和实践，为我县经济、社会的健康发展不断进取，砥砺前行，让百姓的生活水平更上一层楼。同时，我们也希望借此机会让更多的朋友了解我县，来我县投资创业，让我们共同谱写美好的明天。

最后，预祝××县第×届端午文化节圆满成功，谢谢大家！

一颗粽子一片情，颗颗粽子献真情，愿你事事都遂心，称心，舒心又开心。

教师节：浓浓师生情，杯酒谢恩师

教师是一个让人敬仰的职业，尊师重教一直是我国的传统。1985年，我国确定九月十日为教师节，之所以会将教师节确定在新学年开始，是让大家在新学年之初就记住教师的辛勤，从而更好地在新学年中做到尊师重教。

其实，教师节并非现代才有，早在汉晋时期，人们就把农历八月二十七孔子的诞辰作为"教师节"，在这一天，皇帝要率领文武百官去祭拜孔庙，之后还要宴请老师。在古代学生要为老师过"三节两寿"，"三节"指的是端午节、中秋节、年节，"两寿"指的是孔子的诞辰和老师的生日，通常学生要向老师赠送一些礼物，以感激老师的教育之恩。

【酒礼酒俗】

孔子被尊称为万世师表，他的语录大多被他的弟子们搜集整理编成了《论语》。在《论语》中孔子多次提到酒，讲到喝酒的习俗和礼仪，时至今日，他的这些"理论"对后人依然有教育意义。

1. 唯酒无量，不及乱

这说明孔子倡导适度饮酒，应以不至醉乱为度。简而言之，喝酒可以，但不要喝醉，应保持清醒，不失去理智。

2. 乡人饮酒，杖者出，斯出矣

这句话的意思是说，行乡饮酒的礼仪结束后，孔子不会马上离开，而是要等老年人离开后，他才会离开。这说明孔子非常注重饮酒礼仪。

除此之外，《礼记》中也有关于喝酒习俗和礼仪的记载。《礼记》有云："酒食者，所以合欢也。礼者，所以缀淫也。"这句话的意思是说，人们在聚会时，酒和食物能增进欢乐，促进人与人之间的情感交流，但要通过一定的社会规范和行为准则来约束个人的行为，不能过度放纵，做到适度饮酒。

　　时至今日，反观我们自己，古人提出的这些礼节，我们是否做到了呢？

【祝酒词】

　　每年教师节，政府、学校都会举行庆祝活动，通常学校校长和学生代表会上台发言，因身份不同，所致祝酒词的内容也有所差异，但都要表达对老师的祝福，感谢老师的辛苦付出。

教师节祝酒词

【**主题**】节庆祝酒
【**场合**】庆祝宴会
【**人物**】校领导、老师
【**致辞人**】校领导代表
【**致辞风格**】简明扼要，语言得体

尊敬的各位领导，老师们：

大家好！

金秋九月，在这个硕果累累的季节，我们又迎来了一年一度的教师节。我非常荣幸地站在这里，向全体教师致以崇高的敬意和节日的问候。

师者，传道授业解惑也。教书育人是老师神圣又光荣的使命，你们在三尺讲台上默默耕耘；你们心怀责任，为每位学生负责，为他们点亮人生路上的明灯；你们不怕劳累，辛苦自己，成全学生。这不禁让我想起龚自珍的那句话"落红不是无情物，化作春泥更护花"，你们甘愿化作春泥，培养了一代又一代的学生！

采得百花成蜜后，为谁辛苦为谁甜？教师注定是一份辛苦的职业。老师们，学校因为有你们而感到自豪，你们是学校的中坚力量，在你们的努力下，学校取得了一个又一个好成绩，结下一颗又一颗硕果。你们为学校赢得了荣誉，得到了家长的好评，获得了社会的认可。未来我们将继续并肩前行，为创造学校美好的明天而奋斗！

我代表学校希望各位教师能牢记使命，感受到自身的价值与意义，感受到家长的殷切希望，感受到社会的关爱和尊重，继续不断提高专业素养和教学能力，回报社会。

最后，祝愿各位教师身体健康，工作顺利，家庭幸福！

三寸粉笔，三尺讲台系国运；一颗丹心，一生秉烛铸民魂。

教师节祝酒词

【**主题**】节庆祝酒

【**场合**】庆祝宴会

【**人物**】校领导、老师、历届毕业的学生

【**致辞人**】历届毕业生代表

【**致辞风格**】富有深情，心怀感激

尊敬的各位领导，尊敬的老师们，同学们：

大家好！

今天是教师节，在这个温馨又激动的时刻，我代表××学校全体同学向老师们道一声：您辛苦了，祝您节日快乐，幸福如意。

"古之学者必有师。师者，所以传道受业解惑也。"老师是我们生命中

最重要的人，您不仅教会我们知识，更教会我们如何做人，您是我们人生路上的引路人。

可我们年少无知，不理解您对我们的谆谆教诲，也曾出言不逊，顶撞过您，惹您生气，可您总是不计前嫌，宽容大量，一如既往地为我们付出。新竹高于旧竹枝，全凭老干为扶持。若没有您的辛勤付出，我们就不会有今日的成绩，千言万语道不尽对您的感激之情。

一支粉笔，两袖清风，三尺讲台，四季耕耘。有人说教师是清贫的，但我认为您是这个世界上精神最富有的人，因为您培养了一批又一批优秀的学生，如今他们已经进入各行各业，为祖国的发展贡献着力量。

父母给予了我们生命，您让我们成为更好的自己，因为有您，我们才知道什么是善，什么是恶；因为有您，我们才看到了更远的地方。不管将来我们走到哪里，我们都将永远铭记您的教诲和恩情，不辜负您对我们的期望，努力拼搏，奋发向上。

最后，我再次代表全体同学祝老师们：节日快乐，身体健康，事业有成，桃李满天下！

中秋节：共食月饼庆团圆，同饮桂酒祝好运

中秋节是我国四大传统节日之一，因八月十五正值三秋之中，所以称之为"中秋"；又因此时的月色比平时更加皎洁明亮，故又称之为"月夕"。在这一天，远在外的亲人都会回来和家人团聚，所以，大家习惯称中秋节为"团圆节"。

中秋节在我国有着悠久的历史，起源于先秦时期，已经有两千多年的历史，但中秋节真正成为官方认证的全国性节日始于唐朝。在中秋节这天，唐代的长安街热闹非凡，人们三五成群，一起赏月、饮酒、吃糕点、吟诗作对，其中有很多风俗如赏月、吃月饼等都沿袭至今，并留下了许多动人的传说，如嫦娥奔月、玉兔捣药、吴刚伐桂等。

【酒礼酒俗】

从古至今，中秋节都是一个盛大的节日，在这喜庆的日子里，当然要喝酒庆祝，把酒言欢。苏轼把酒问青天，苏辙清尊对客，那么，古人喝的是什么酒呢？

金秋八月，丹桂飘香，中秋节饮桂花酒当然最适宜，而且桂花有着美好的寓意，象征着团圆、富贵、吉祥。古人认为桂为百药之长，用桂花酿成的酒，具有"饮之寿千岁"的功效。在古代人们会用桂花酒来祭神祭祖，祭祀仪式完成后，晚辈要向长辈敬桂花酒，希望长辈们饮下此酒，能长命百岁、益寿延年。

虽然"饮之寿千岁"的说法有些夸张，但是桂花酒确实有一定的保健功效，因为桂花和米酒都属于性温的食物，将两者放在一起有美容养颜、养脾护肝等作用。

【祝酒词】

中秋节是一年中比较重要的节日，除了家人朋友会相聚在一起，共度

中秋外，一些企业也会举行庆祝晚会。在致祝酒词时，虽然要考虑具体的场合，但内容都要以"花好月圆""幸福团圆"为主。

楼台赏月庆中秋，全家老少齐团聚，推杯换盏笑开颜，尝口月饼甜又甜。

中秋节祝酒词

【主题】节庆祝酒

【场合】庆祝宴会

【人物】公司全体员工、嘉宾

【致辞人】总经理

【致辞风格】激情澎湃，热情洋溢

亲爱的兄弟姐妹们：

大家好！

八月十五夕，旧嘉蟾兔光。又是一年团圆日，在这个美好的日子里，我们在这里欢聚一堂，共度中秋，共庆佳节，共叙友情。感谢大家多年来对××公司的支持和关爱，在此，我谨代表公司向各位致以真挚的问候和诚挚的祝福：祝大家中秋快乐，家庭幸福美满！

有缘千里来相会，我们来自全国各地，为了同一份事业，我们相聚在了一起，成为志同道合的人，同甘共苦，同舟共济。在朝夕相处中，我们产生了深厚的感情，成为相亲相爱的一家人。

人心齐，泰山移。这些年我们公司在激烈的市场竞争中，勇立潮头，勇攀高峰。公司实力不断增强，公司规模不断扩大，得力于我们有一个强大的团队，是你们的拼搏，你们的奉献，你们的尽职尽责，铸就了公司今天的成就与辉煌。

衷心感谢每一位员工的辛勤付出，希望今后大家能继续保持对公司的忠诚和热爱，继续拼搏奋发，在工作中再创佳绩。

现在，请大家共同举杯，为了我们的情谊，为了我们的事业，为了我们的幸福生活，为了公司美好的明天，干杯！

中秋节祝酒词

【主题】 节庆祝酒
【场合】 家庭宴会
【人物】 亲朋好友
【致辞人】 宴会组织者
【致辞风格】 轻松诙谐，热情洋溢

各位亲朋好友：

大家好！

海上生明月，天涯共此时。在丹桂飘香的季节，我们迎来了期盼已久的中秋节。中秋节是团圆的日子，平时大家都在忙工作，忙自己的小家，一起聚餐的机会并不是很多，所以，每次家庭宴会都显得非常珍贵，值得珍惜。今天，我们能欢聚在此，一起把酒言欢，我感到非常幸福和快乐。

我们是一个团结互助的大家庭，不管什么时候，哪个家庭遇到了困难，其他的家庭都会主动伸出援手，给予帮助，从不计较个人得失，凡事都愿意多站在对方的角度考虑。

在面对困难时，我们从不悲观，大家都会积极地想办法，寻找解决问题的途径，所以，我们的大家庭是乐观的、是积极向上的。这就是我们的家风，是祖祖辈辈一代代传下来的精神食粮。

所以，我们要感谢各位长辈，是长辈们为我们树立了榜样和标杆，让我们学会了如何面对生活，希望在座的兄弟姐妹及晚辈们，能记住长辈们的谆谆教诲，将咱们的家风一代代地传承下去。

　　举杯邀明月，天涯共此时！让我们举杯共饮，祝福我们的未来一片光明，愿大家身体健康，万事如意！

国庆节：举杯共饮庆华诞，繁荣富强万世昌

　　一九四九年十月一日是中华人民共和国宣告成立的伟大日子，因此每年的十月一日就成为中华人民共和国国庆日。为了庆祝这一伟大的日子，全国都会举行各种活动，如国庆阅兵、群众游行等，处处张灯结彩，热闹非凡。

　　"国庆"顾名思义就是举国欢庆，该词最早出现在西晋时期。在我国封建社会，帝王诞辰、登基等才能称为国家喜庆的大事。我国历史上第一个以皇帝的生日作为全国盛典的节日始于唐朝。

　　开元十七年农历八月初五，是唐玄宗四十四岁的生日。这一天，唐玄宗设宴宴请群臣，举办了一个规模宏大的生日宴会。后来，百官奏表，请求将八月初五唐玄宗的生日确定为"千秋节"。这种为皇帝庆生的习俗被历朝皇帝所沿袭，只是名字略有不同，如庆成节、嘉会节等。从明朝开始，皇帝的生日统称为"万寿节"。

【酒礼酒俗】

　　国庆节是国之大事，是普天同庆的日子，那么，在国宴上要喝什么酒呢？下面就让我们来盘点一下古代宫廷贡酒。

古井贡酒	鹤年贡酒
○东汉时期，曹操献给汉献帝的美酒，当时名为九酿春酒，自此成为历代贡品。	○创建于明朝，是明清时期专为皇宫配制的御用养生酒。
枣集美酒	**鄜　酒**
○历史悠久，可追溯至春秋，流行于隋唐，是宋真宗钦定的宫廷贡酒。	○又名鄜酉录酒，北魏时期成为宫廷贡酒，是历代帝王在祭祀祖先时常用的最佳祭酒。
鸿茅酒	**羊羔美酒**
○创建于明朝，道光年间，与鸿茅药酒一并入选为宫廷贡酒。	○作为贡品进入宫廷始于唐朝，是专供皇帝享用的美酒。

【祝酒词】

国庆节是我国重要的节日之一，通常全国各地会举办各种国庆节宴会，在该宴会上领导在致贺词时，应包括祝福祖国、回首过去、展望未来等内容。

金秋十月庆华诞，祖国大地共欢腾，国泰民安人心齐，万象更新百业兴。

国庆节祝酒词

【主题】节庆祝酒
【场合】庆祝宴会
【人物】领导、来宾
【致辞人】领导代表
【致辞风格】激情澎湃，庄重严谨

女士们，先生们：

大家好！

今天是祖国母亲××岁华诞，处处张灯结彩，普天同庆。在此，我谨代表××，向所有关心和支持我们发展的朋友们，致以节日的问候，并表示衷心的感谢！

1949年10月1日，一轮红日从东方冉冉升起，中华人民共和国宣告成立，这是中国历史上一个具有划时代意义的事件，它标志着中国人民从此站起来了，中华民族的发展开启了历史新纪元。

经过××年的发展，我国发生了翻天覆地的变化，国家强大了，人民幸福了，火红的日子一天比一天好。伴随着祖国的腾飞，我市经过数年的建设与发展，科技、教育、文化、卫生等各项事业蒸蒸日上，人民生活持续改善，我市成了一个正在崛起的经济新星。

未来，我们将求真务实，继续发扬艰苦奋斗的精神，努力开拓创新，让我市的发展继续保持良好的势头，向下一个宏伟目标奋勇前进！

现在，请大家举杯：为庆祝共和国母亲××岁生日，为祖国繁荣昌盛和我市的美好未来，为各位来宾和朋友的幸福安康，干杯！

重阳节：行孝敬老，品菊花酒

重阳节是我国民间传统节日，日期为每年农历的九月初九。在古人看来，重阳节是一个吉祥的节日。因为《周易》认为，九是奇数，代表的是阳，九月初九，两阳重合在了一起，所以称为重阳。

说到重阳节，我们会不由得想起唐代诗人王维的名篇《九月九日忆山东兄弟》：独在异乡为异客，每逢佳节倍思亲。遥知兄弟登高处，遍插茱萸少一人。从这首诗中，我们可以知道古时候重阳节有两大习俗——登高和插茱萸。茱萸是一种植物，古人认为茱萸有辟邪求吉的作用，所以它被称为"辟邪翁"，人们认为将茱萸插在身上，就能躲避灾祸。

1989 年，中国政府将每年的农历九月九日定为"老人节""敬老节"，于是，重阳节又成了一个尊老、爱老、敬老的节日。

【酒礼酒俗】

逢节必有酒，重阳节也不例外，唐代诗人郭震所作的《子夜四时歌六首·秋歌》中有这样两句：辟恶茱萸囊，延年菊花酒。古人通常会在重阳节饮菊花酒，以寄托人们的美好愿望。

那么，古人为什么会对菊花酒情有独钟呢？菊花有一个雅号叫"延寿客"，古人认为深秋时节，百花凋零，只有菊花不畏寒冷，傲然开放。魏文帝曹丕就曾在重阳节的时候，赠菊给钟繇，祝他长寿。

古人认为在重阳之日饮用菊花酒，可以祛灾祈福，这个习俗可以追溯到汉朝。到了魏晋南北朝，菊花酒开始盛行，特别是在重阳节，菊花酒更是不可缺席，渐渐地成了一种风俗习惯，世代流传。

【祝酒词】

重阳节又叫"老人节"，一些单位会组织重阳节宴会，邀请离退休人员参加，重阳节的祝酒词应围绕祝福、长寿等内容展开。

重阳节祝酒词

【**主题**】节庆祝酒

【**场合**】重阳节宴会

【**人物**】离退休人员、相关领导

【**致辞人**】领导代表

【**致辞风格**】亲切自然，简短明快

尊敬的各位离退休老领导、老同志、老前辈：

大家好！

金色的秋日，伴随着菊花的淡淡清香，我们迎来了又一年的重阳节。在此，我向在座的老领导、老同志、老前辈，致以亲切的问候，衷心祝愿大家福如东海长流水，寿比南山不老松。

人生漫漫，岁月匆匆。你们已经不再年轻，步履不再矫健，但是你们的经验、智慧让我们走得更稳，走得更快。我们正是站在你们的肩膀上，才看到了更远的地方。

　　近些年，社会发生了翻天覆地的变化，这不是一代人的功劳，是数代人一起努力的结果，这里面凝结着你们的智慧，凝聚着你们的心血与汗水。在这里，我向你们真诚地道一声：谢谢！

　　最后，让我们大家共同举杯，祝愿各位老同志健康长寿，阖家幸福，万事如意，干杯！

第二章

生日：生日今朝是，酒满祝福至

一年一生日，一岁一安康。生日是一年之中最特别的一天，意味着向过去告别，向未来招手。在这个值得纪念的日子里，如果你是寿星，记得对亲朋好友往日的帮助表示感激；如果你是被邀请者，一定要向寿星表达祝福。

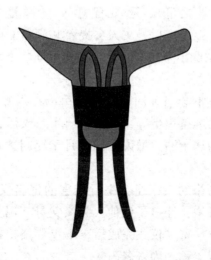

满月：添丁之喜，亲朋共贺

自古以来，生儿育女是人生大事。所以，孩子出生后，孩子的父母会通知亲朋好友，设宴欢庆，一般都会设满月酒，即为出生一个月的婴儿而设立的宴席。

为什么会选择在孩子满月后设宴，而不是孩子刚出生的时候呢？因为在古代婴儿的成活率低，古人认为婴儿出生后存活一个月，就是渡过了一个难关，家长为了庆祝遂设宴举行满月仪式，并邀请亲朋好友出席，为孩子祈祷祝福，祝福孩子平安健康成长，这就是满月酒的由来，这个风俗一直沿袭至今。

【酒礼酒俗】

孩子出生，是大喜之事，当然要有美酒。有些地方不光有满月酒，还有报生酒，妻子生了孩子之后，丈夫会提着装满黄酒的酒壶，到岳父家去"报生"，岳母将黄酒倒出来之后，会在酒壶里面装上米，让女婿带回去给女儿煮粥，滋补身体。

不过，有的地方不会当天回赠礼物。岳母在得知女儿生了孩子之后，就开始张罗酿米酒，准备鸡蛋等，待孩子出生三天后，岳母提上米酒和鸡蛋去探望女儿，称为送米酒。据说产妇在月子期间饮米酒、吃鸡蛋，有利于身体恢复。

古时候，一些富裕的人家还会举行隆重的寄名仪式，什么是寄名呢？就是为求孩子长命百岁，让孩子认他人为义父母，用其姓氏命名，或者拜僧尼为师，但不出家。寄名仪式完成后，不仅要祭祀神祖，还要设宴邀请亲朋好友，喝酒庆祝，称之为寄名酒。

【祝酒词】

添丁进口，此乃人生一大喜事，设满月酒庆祝是国人的习俗，在满月酒上，孩子的父母要致祝酒词，表达对亲朋好友的感谢和对孩子的祝福等。

满月酒祝酒词

【主题】满月祝酒
【场合】满月庆典
【人物】亲朋好友、同事
【致辞人】孩子的父亲
【致辞风格】感情真挚、饱满、幽默诙谐

各位亲友，同事们：

大家好！

今天是我儿子的满月宴，非常感谢大家在百忙之中来参加此次宴会，和我们一同分享这份喜悦。首先，请允许我代表全家向各位的到来表示热烈的欢迎和衷心的感谢。

一个月前，我的儿子呱呱坠地，新生命的到来给我们全家带来了无尽的欢乐，在这里，我要感谢我的爱人，十月怀胎，历经了种种辛苦，诞下了我们的爱情结晶。老婆，你辛苦了。

看着儿子粉嘟嘟的小脸、娇嫩的小脚，我在感到无比幸福的同时，也感到了肩上甜蜜的负担。我第一次做父亲，没有经验，但我会努力，请大家为我做个见证。我想对我的儿子说：儿子，我和妈妈希望你健康快乐地成长，做一个正直勇敢的人，做一个对社会有用的人。

今天，在座的都是自家人，希望大家不要拘束，吃好喝好，大家高兴了，我就开心了！最后，我代表全家向每一位来宾再次致以深深的谢意，祝大家身体健康，幸福美满！

喜得贵子甚欢喜，心花怒放甜如蜜，诚挚相邀满月会，美酒佳肴齐欢畅！

满月酒祝酒词

【主题】满月祝酒

【场合】满月庆典

【人物】亲朋好友、同事

【致辞人】孩子的母亲

【致辞风格】感情真挚、饱满

各位亲友，同事们：

大家好！

今天是我女儿满月的日子，这么多亲友和同事能来参加女儿的满月宴，我感到十分荣幸，在此，我代表全家向各位的到来表示热烈的欢迎和衷心的感谢。

十月怀胎，一朝分娩。历经了怀孕、分娩的种种不适和痛苦，随着孩子的一声啼哭，我成为一名母亲。在照顾女儿的这一月，我最大的感受是不容易。这让我想到了我的父母，他们含辛茹苦地将我养大，供我读书，教我做人，父母的养育之恩，一辈子都难以报答。在此，我首先向我的父母表示感谢：爸爸，妈妈，祝你们健康长寿，平安喜乐！

我还要感谢我的公婆，女儿出生后，初为人母的我常常感到手足无措，是他们日夜照顾我和女儿，没有他们的照顾，我的身体不能恢复得这么快，我的女儿不会养得白白胖胖，谢谢你们！你们二老辛苦了。

在我怀孕期间，我受到了同事们的关照，你们主动分担我的工作，照顾我的生活，在此我想对大家深情地道一声：谢谢大家！

最后，再一次感谢大家的到来，祝愿大家身体健康，万事如意！

喜鹊喳喳叫，好事到咱家，千金诞生乐哈哈。

一周岁生日：摆酒设宴，行抓周礼

中国自古就有庆祝生日的习俗，一般年岁的生日不会大操大办，逢十的生日会过得隆重一些，而且越是年岁大的人过生日场面越宏大，越热闹，但是有一个生日特殊，就是孩子的一周岁生日。因为在孩子一周岁生日的时候，有一个重要的仪式——抓周，也称为"得周"。

抓周的习俗，在民间流传已久。据说，早在北齐时期抓周就已经存在，在当时称为"试儿"，到了宋朝时期，这一习俗更加盛行，称为"拈周试晬"。抓周时，人们会在桌子上放上毛笔、纸张、算盘、刀剑、秤尺等物品，让孩子去抓取，以此来测试孩子将来的志向。

之所以会选择在一周岁抓周，是因为人们觉得这个年龄段的孩子未经世俗的沾染，做什么事情都是天性使然，此时进行抓周最灵验，最能预测孩子将来的成就，同时也饱含着父母对孩子的殷切希望。

【酒礼酒俗】

从婴儿降生开始，酒宴便接二连三，有报生酒、满月酒、百天酒，孩子周岁当然也少不了摆酒设宴。孩子抓周之后，父母要摆周岁宴来招待亲朋好友，并且要带着孩子认识在座的长辈，向前来的宾客敬酒。

中国人好客，亲朋好友来道喜，都会劝客人多喝一些，客人喝得多，喝得高兴，主人越觉得有面子。当然，这都是一些旧时的习俗，现在人们喝酒理性了许多，一般都是让宾客随意，喝得开心就好。但是作为主人，应熟知并遵循敬酒礼仪。

酒席开始之后，主人先讲祝酒词，然后，就开始敬酒，这时宾客会站起来，以表示对主人的尊重，主人会先干为敬，将杯中酒一饮而尽，并将空酒杯朝下，示意自己喝完了。客人可随意，也可以全部喝完。

主人敬酒之后，一般客人要回敬主人，回敬的时候，双方同时饮酒。在干杯的时候，轻轻碰一下对方的酒杯，若两人相距有一段距离，可用酒杯杯底轻碰桌面即可。

【祝酒词】

孩子一周岁生日的时候，家长一般宴请的都是与自己关系比较亲近的人，在周岁宴上父母要发表祝酒词，内容包括感谢来宾的到来，以及对孩子的期盼等。

抓周酒祝酒词

【主题】生日祝酒

【场合】周岁宴

【人物】小寿星及父母，来宾

【致辞人】孩子的父亲

【致辞风格】感情真挚、饱满

尊敬的各位来宾：

大家好！

今天是我女儿一周岁生日，首先，我代表我们全家对各位的光临表示衷心的感谢和热烈的欢迎，很高兴这个美好的日子，能和大家一起度过。

时间过得真快，当初那个粉嫩的小婴儿如今已经开始牙牙学语、蹒跚学步了。我还清楚地记得女儿八个月的时候，第一次喊"爸爸"的场景，那稚嫩的声音彻底将我融化了，把我工作的劳累和生活的烦恼一扫而空。

亲爱的女儿，你是爸爸的开心果，只要有你在我身边，我每天都是快乐的；亲爱的女儿，你是爸爸的软肋，你稍有磕碰，我都会心疼不已；亲爱的女儿，你是爸爸的盔甲，你让爸爸变得坚强又勇敢。

宝贝，今天你刚满一岁，你的人生画卷刚刚铺开，我愿你天黑有灯，下雨有伞，一生平安幸福，遇到的皆是良人。

自从女儿降生，我的父母和岳父岳母就变得忙碌起来，为了不让我和妻子有后顾之忧，他们主动承担起了照顾女儿的重担，让我和妻子安心工作。在此我向四位老人深情地说一声：你们辛苦了！衷心地祝福你们身体健康，万事如意。

最后，让我们举起酒杯，祝我家宝贝健康成长，祝在座各位亲友幸福安康，干杯！

抓周酒祝酒词

【主题】生日祝酒

【场合】周岁宴

【人物】小寿星及父母，来宾

【致辞人】孩子的母亲

【致辞风格】感情真挚、饱满

尊敬的各位来宾：

大家好！

今天，我们欢聚一堂，在这里共同庆祝我儿子一周岁的生日，非常感谢亲朋好友的捧场，我和我先生对各位的到来表示最热烈的欢迎和最衷心的感谢。

不当家不知柴米贵，不养儿不知父母恩。儿子的到来，让我深深地体会到了做父母的不容易，我要给儿子树立一个好榜样，今后我会更加孝敬我的父母和公婆；父母是孩子的第一任老师，儿子的到来，督促我每日三省，我常常反思自己，哪里做得不够好，哪里还需要进步，生怕儿子受到不良影响；家庭是孩子的港湾，家庭是孩子成长的力量，儿子的到来，让我和我先生更加互敬互爱、彼此包容，我们努力给孩子营造一个温馨幸福的环境。

感谢儿子让我成为更好的自己！亲爱的宝贝，我希望你能成长为一个顶天立地的男子汉，不畏惧困难，乐观地面对生活，快乐地过好每一天。

这个生日宴准备得有些匆忙，若有招待不周，还请各位海涵。来，让我们共同举杯，祝大家身体健康，心想事成，干杯！

成人礼：敬十八岁一杯酒，为青春"加冠"

对少男少女来说，十八岁是一个重要的年龄，因为十八岁是一个人成年的标志，从这个年龄开始，人们开始拥有更多的权利，同时也需要承担更多的责任与义务。

自古以来，"成人礼"都是重要的人生仪式之一。在我国古代，汉族男子和女子的成年礼分别指的是冠礼和笄礼，该传统从西周一直延续到明朝，有近3000年的历史。

男子行冠礼的年龄一般为20岁，行过冠礼之后，男子就要承担起对家庭和社会的责任。通过这种仪式，让男子意识到自己已经长大。男子的成人礼为什么称为"冠礼"呢？因为在古代未成年的男子佩戴帽冠是成年的标志。

行冠礼是非常隆重且重要的事情，先选定一个良辰吉日，然后邀请德高望重的嘉宾参加，并准备好冠礼时用的三顶帽子——缁布冠、皮弁、爵弁。行礼时，要给加冠的男子依次戴上，并由正宾向其发表训诫之词。

一般女子十五岁行"笄礼"，笄是指插在发髻上的簪子，女子行笄礼时，要将发辫盘到头顶，用簪子插住。

男女成年行冠笄礼时，还有一项重要的内容——取"字"。古人除了姓名之外，还有字或者号，小孩年幼的时候取名，待成年后，名为尊长所叫，或用于自称，所以要取一个字，方便别人称呼他。这就是为什么人们把女孩子还没有出嫁称为"待字闺中"。

【酒礼酒俗】

无论是古人行冠笄礼，还是现在的十八岁成人礼，对一个家庭来说都是十分重要的仪式，通常都会大摆筵席，宴请宾客，共同见证这一美好时刻。

在古代，行冠笄礼之后，主人要亲自招待宾客，并向他们敬酒，还要送上一些礼物作为报酬。现在虽然繁文缛节少了许多，但是最基本的礼数是不可少的。

比如，酒桌上的人座就十分有讲究，现在孩子已经长大成人，以后他也会参加这样的酒宴，或者作为主人设宴邀请他人，一定要让他了解入座的规矩，以免因失礼闹出笑话。

一般来说，座次以"尚左尊东""面朝大门为尊"。如果酒桌为圆桌，正对大门的人为主客，距离主客越近，位置越尊贵，同等距离，坐在主客左边的人尊于坐在右边的人；如果是方桌，正对大门的座位的右位为主客，如果不存在正对大门的情况，那么，面朝东方的一侧右位为首席。

如果是去参加婚宴，看似桌子都一样，其实这里面也有很多讲究。一般首席位于居前居中的位置，如果你是主人，应提前到达，在门口欢迎宾客，引导宾客入座。如果你是宾客，不要贸然入座，应听从主人的安排。

【祝酒词】

近年来，人们对十八岁成人礼越来越重视，除了家庭会设宴邀请亲朋好友之外，学校也常常组织相关的活动，校长、孩子的父母、孩子本人通常都会发表贺词，因每个人的身份不同，发表贺词的内容也会有所差别。

成人礼祝酒词

【主题】生日祝酒
【场合】成人礼庆典
【人物】高三学生及家长、教师、相关领导
【致辞人】校领导代表
【致辞风格】质朴、气势雄浑

尊敬的各位家长、老师，亲爱的全体同学：

大家好！

今天是高三全体同学的成人礼，是一个值得被纪念的日子！首先，我代表学校全体老师向你们表示衷心的祝贺。

时光匆匆，你们从懵懂的少年成长为意气风发的青年，从今天开始，你们正式成为中华人民共和国的成人公民，开启了人生新的征程。

十八岁，是一个有着特殊意义的年龄，意味着你们向少年挥手告别，意味着你们将拥有更多的自由与权利，意味着你们将承担更多的责任与义务，意味着你们不应再任性，要为自己的言行负责。

再过几个月，你们即将离开高中校园，奔赴理想的大学，请不要给自己的青春留下遗憾。人生最后悔的事情是"我本可以做到，但我没有尽力去做"，请不要在最好的年龄辜负最好的自己。不管结果如何，只要你们拼搏过尽力过，一切问心无愧！

同学们，在未来的日子里，我希望你们做人自信、勇敢、踏实，做事勤恳。人生有目标，生活有方向，人生路上，一路拼搏，一路精彩！

最后，请让我们共同举杯，为了风华正茂的十八岁，干杯！

> 今朝辞年少，前行扬万里，青春孕希望，责任铸未来。

成人礼祝酒词

【主题】生日祝酒

【场合】成人礼庆典

【人物】高三学生及家长、教师、相关领导

【致辞人】家长代表

【致辞风格】温馨、充满爱意

尊敬的各位校领导、老师、家长，亲爱的同学们：

大家好！

在这个春风和煦的日子里，我们共同迎来了同学们的成人礼。非常荣幸作为家长代表能在这个庄严的仪式上发言，首先，我代表所有的家长向孩子们表示祝贺，恭喜你们成为成年人的一员！同时感谢学校的领导和老师，为孩子们举行了如此隆重的成人礼仪式，真诚地向你们道一声辛苦了！

孩子们，今天这个成人礼对你们来说非常重要，它提醒你们已经长大，以后要独立面对生活，接受生活的挑战。你们做好准备了吗？或许你们有些手足无措，但不用害怕，回过头，你们会看到父母就站在不远处，我们是你们坚强的后盾。你们要相信自己，每个人都要经历这个过程，破茧成蝶，向阳而生。

一转眼十八年过去了，你们出生时的模样还历历在目，如今你们长成了风华正茂的青年，看到你们长大，我们心中有太多的不舍。但我们知道是时候放手了，只有我们放手，你们才会像雄鹰一样展翅高飞，搏击长空。我们会永远祝福你们，祝福你们的人生一路繁花似锦，充满着美好、快乐、幸福！

谢谢大家！

成人礼祝酒词

【主题】生日祝酒

【场合】成人礼宴

【人物】孩子及父母，亲朋好友

【致辞人】父亲

【致辞风格】质朴、风趣幽默

尊敬的各位亲朋好友：

大家好！

今天，我们欢聚一堂，共同见证一个特殊的时刻——我儿子的成人礼，我代表全家向各位的到来表示热烈的欢迎和衷心的感谢。

十八年前，儿子一声响亮的啼哭，郑重地向世界宣布我做了父亲，当医生将一个婴儿交到我手上，说道："来，看看你的儿子。"

我懵懵懂懂地回了一句："啊？不会吧？"被医生翻了几个白眼后，我才如梦初醒，"哦，我当爸爸了！"我颤抖地抱起孩子，心中如吊着十五个水桶——七上八下。直到今天，这件事还被妻子拿来说笑。

儿子，我第一次当爸爸，请原谅我有很多做得不周到的地方。不管怎么样，我总算是跌跌撞撞地把你养大了。虽然做得有些瑕疵，但我尽了自己的全力，对得起"父亲"两字。

儿子，从今天开始，你就是成年人了。我有几句话想叮嘱你。

首先，也是最重要的一点，不管什么时候，你都要把健康放在第一位，你的身体是父母给你的，你要好好呵护，爱自己就是爱父母。

其次，我希望你做一个勤奋的人，天道酬勤，你可以不那么优秀，但勤奋会让你生活得更好，懒惰会让你一无所有。

再次，我希望你做一个善良、懂得感恩的人，因为善良、懂得感恩的人，能在带给别人快乐的同时温暖自己，我希望你的人生充满欢声笑语。

最后，让我们共同举杯，祝福大家开心快乐每一天，干杯！

十二年卧薪尝胆，六月一马冲关，奋勇拼搏捷报传。

成人礼祝酒词

【主题】生日祝酒

【场合】成人礼宴

【人物】孩子及父母，亲朋好友

【致辞人】孩子

【致辞风格】温馨、感人

尊敬的各位长辈，兄弟姐妹们：

大家好！

今天是我十八岁的生日，感谢大家出席我的生日宴，来见证这一重要的时刻，此时此刻我的心情十分激动，千言万语不知从何说起。

十八岁，对我来说，是一个新的开始，从今天起，我不能躲在父母的羽翼下，让他们为我遮风挡雨，我要学会独立、坚强、勇敢。虽然我对成年还有些懵懵懂懂，但我会努力成长。

如今，我即将步入人生的新阶段，爸爸妈妈，我想对你们说：感谢你们给予我生命，抚养我长大，陪伴我成长。女儿，曾经任性过，惹你们生气，让你们伤心，害你们担心。在此，我想真诚地对你们说一声：女儿知错了，请你们原谅！

爸爸妈妈，女儿已经长大，请你们放心，我会踏踏实实走好人生路。你们已经不再年轻，一定要照顾好自己，祝愿你们在未来的岁月里健康平安、幸福快乐！

在每个人的成长路途中，都会有一些人，一直陪伴在左右，不离不弃，而这些人就是与我骨肉相连的亲人，我的成长离不开长辈们的关爱，兄弟姐妹们的疼爱，谢谢你们的包容，有你们在我身边真好！

最后，请大家共同举杯，祝福长辈们身体健康，祝福兄弟姐妹们学业有成，干杯！

花甲寿：六十甲子一轮回，以美酒敬岁月

古人年满六十称为"花甲"，故六十岁寿诞称为花甲寿。民间对六十岁花甲寿十分重视，因为古代使用天干地支纪年、纪月、纪日，60年为一周期，称为"六十甲子"。所以，人们常常用"甲子"或者"花甲"代称六十岁。

人生度过了一个甲子，相当于走过了一个完整的周期，过完六十岁生日，即将开启下一个周期，这是一件值得庆贺的事情，所以寿者的儿孙要摆酒设宴，邀请亲朋好友一起来分享这份快乐，称之为花甲宴，也称还甲宴。

据说还甲宴本是朝鲜族的习俗，关于还甲宴的由来，有这样一个传说，高丽时代的国王颁布了一条残酷的法规：人活到六十岁，即使没有死亡，也要被埋葬，称之为高丽葬。一位姓金的穷人，不忍心将年迈的父亲埋葬，就偷偷地把父亲藏到了山洞里，每天偷偷地给父亲送饭。

后来，皇帝听说了高丽葬这件事，认为这项法规太过残酷，就给高丽王出了三道难题，高丽王想了很久，都不知其解，遂广贴告示，请高人指点。躲藏在山洞里的金老汉听说此事后，就将答案告诉了儿子，让他转告高丽王。

当高丽王得知提供答案的是一个年过花甲的老人，非常震惊，同时他也意识到老年人阅历丰富，和年轻人一样都是国家的财富，于是，就废除了"人过六十，不死即埋"的法令，并倡导大家尊重老人，爱护老人。从此就有了花甲宴一说。

【酒礼酒俗】

现在人们除了每年过生日外，每十年会进行一次大庆，称为"整寿"，一般认为年过六十岁过生日才能称为"寿诞"。老人过六十大寿时，一般都会办得非常隆重，寿者的儿女会精心操办，亲戚朋友会前来祝贺。

寿者的家人会热情地招待宾客，劝宾客尽情地享用美食佳肴，在宴请

的过程中，免不了会敬酒。敬酒是一种文化，也是一种礼仪，一定要做到有礼有度。敬酒是有顺序要求的，晚辈敬长辈，主人敬宾客；别人敬自己酒，要记得回敬，这叫礼尚往来，是礼貌的体现。

敬酒词不必太夸张，诚心诚意就好，这样才能让喝酒的人心情愉悦，欣然接受。当然，敬酒也要有度，若对方确实不能喝，不能逼迫对方，让对方难堪，从而使整个宴席大煞风景。

【祝酒词】

在花甲寿宴上，通常老人的子女会致祝酒词，一来活跃气氛，二来向寿星表示祝福。值得一提的是，在表达祝福时，不要渲染"老"字，在祝词中也要避开"老"字。

花甲寿祝酒词

【主题】生日祝酒
【场合】生日宴
【人物】亲朋好友
【致辞人】寿者儿子
【致辞风格】言辞简洁，充满热情

尊敬的各位长辈，各位亲朋好友：

大家好！

亲朋共享天伦乐，欢声笑语福满堂。今天是我母亲六十岁寿诞，首先请允许我代表全家向各位亲朋好友的到来表示热烈的欢迎和衷心的感谢。

十年百月纷纷过，六十一甲子添福祉。我的母亲是一位勤劳朴实的农民，她不善言辞，把爱全部付诸行动之中，她为人女，孝顺父母；她为人妻，关爱体贴丈夫；她为人母，辅导教育子女。多年来，妈妈任劳任怨，为这个家默默奉献、无怨无悔。

人品是最高的学位。虽然母亲没有太多的文化，但是她常对我们说："做人一定要踏踏实实，做事一定要勤勤恳恳。"小时候我不明白母亲的良苦用心，甚至认为母亲有些迂腐。随着年龄的增长，我越来越觉得母亲的话是至理名言，如今我也常常这样教育我的孩子，这是我们家族的精神财富，我们会一直传承下去。

殚竭心力终为子，可怜天下父母心。母亲含辛茹苦、勤俭持家，把我们拉扯长大。在今天这个喜庆的日子里，我要向您鞠躬致谢："妈妈，谢谢您！您辛苦了!"

如今，我和弟弟已经成家立业，我们会记住您的教诲，走好人生路，请您放心，也请您相信我们，我们的家业一定会蒸蒸日上，兴盛繁荣。

甲子重新新甲子，春秋几度度春秋。我祝愿母亲蟠桃捧日千秋寿，古柏参天万年青；也祝愿所有的亲朋好友身体健康，万事如意，让我们共同干杯！

古稀寿：人生七十古来稀，把酒言欢尽开颜

　　唐代诗人杜甫的诗作《曲江二首》中有这样两句诗：酒债寻常行处有，人生七十古来稀。所以，古稀之年就成了七十岁的代称。

　　古人的平均寿命在各个朝代虽然有所不同，但是肯定比现代人要短很多。在古时寿命能达到七十岁的人寥寥无几，所以人们对七十岁寿诞非常重视，会隆重地庆贺一番。来祝寿的亲朋好友会准备丰厚的寿礼，包括寿幛、寿衣、寿桃、寿面等。寿星要坐在正厅，接受子孙的拜寿。

　　如今，很多旧时的习俗已经不再沿用，取而代之的是吹蜡烛、吃蛋糕。这一庆寿的方式源自古希腊，古希腊月亮女神阿蒂梅斯的崇拜者们，每年在她过生日的时候，都会举行盛大的庆典仪式。为了表示对阿蒂梅斯的尊敬和崇拜，人们会在祭坛周围点上蜡烛，并供奉上蜂蜜饼。

　　后来，人们在过生日的时候也会模仿阿蒂梅斯生日的做法，吹蜡烛、吃蛋糕。渐渐地，这种庆祝生日的方式流传到了欧洲，随着中西文化的融合，我国也开始采用这个古老的生日习俗。

【酒礼酒俗】

　　人生七十古来稀，70 岁寿宴意义非凡，通常会办得隆重又热闹。千叟宴是清代宫廷的大宴之一，在清代共举办过四次。

　　1713 年，为了庆祝康熙皇帝 60 岁大寿，在畅春园举办了千叟宴，宴请天下的老人为自己祝寿。

　　1722 年，康熙皇帝 69 岁，为预庆 70 岁，在乾清宫举办第二次千叟

宴，为何康熙要提前庆祝 70 岁大寿呢？民间习俗认为过九不过十，意思是说在逢整十岁的时候，要提前一年过生日，因为"九"与"久"同音，取"长长久久"之意。

1785 年，乾隆在乾清宫举办了千叟宴，场面空前盛大，3000 多名 60 岁以上的老人共聚一堂，殿内觥筹交错，热闹非凡。

据说现场一位老人已经 141 岁了，乾隆和纪晓岚专门为老人做了一副对子：花甲重开，外加三七岁月；古稀双庆，内多一个春秋。上联的意思是，两个甲子年 120 岁再加上三七二十一，一共是 141 岁。下联中的古稀双庆是两个七十，再加一，也是 141 岁。这真是一副绝妙的对子。

1795 年，乾隆已经 85 岁了，在宁寿宫皇极殿举办了千叟宴，此次出席千叟宴的都是 70 岁以上的老人。

举行千叟宴体现出了对老人的尊重与关爱，时至今日，在我国一些地方也会举办千叟宴。如 2023 年 10 月 20 日，在四川省泸州市龙马潭区特兴街道桐兴村内，就举办了一场声势浩大的"千叟坝坝宴"，上千位老人免费享用了美食。

【祝酒词】

在古稀寿宴上，老人的子女在致祝酒词时，要注意两点：一是老人上了年纪，有可能耳背，说话的语速要适当放缓；二是在表达祝福时，不要提及"老"字，老人通常会很忌讳这个字眼。

古稀寿祝酒词

【主题】生日祝酒
【场合】生日宴
【人物】亲朋好友
【致辞人】寿者女儿
【致辞风格】言辞简洁，语速较慢

尊敬的各位长辈，各位亲朋好友：

大家好！

欢迎你们来参加我父亲的七十大寿庆典！在这里，我谨代表我们全家向你们表示热烈的欢迎，同时感谢大家对我父亲的关心和祝福。

　　在我的童年时代，我的家庭很贫穷，父亲是家里的顶梁柱，一家人的生活靠着父亲微薄的工资维持。母亲除了照顾我们姊妹，还要下田做农活，因为太过劳累，母亲病倒了。

　　那是我第一次见父亲发愁，他整宿整宿地睡不着觉，坐在床头一根接一根地抽烟，忽明忽暗的光映照着他的脸庞，伴随着一声接一声地叹息。不久后，父亲辞职下海经商，他变得很忙碌，一年到头在家的日子掰着手指头都数得过来，但他每次回来都会给我们姊妹买新衣服、新书包，还有新玩具。

后来，我们家的日子越过越红火，成了村里第一家到城里买房的人家。村里人投来羡慕的眼光，夸父亲有能力，父亲总是淡淡地回一句："老婆要照顾，孩子要养，必须努力啊！"那时我才依稀了解当初父亲承受了多大的压力。

父亲很少教育我们姊妹，但是他用实际行动告诉我们如何面对生活。人生路不平坦，风风雨雨常遇见，但父亲的精神一直鼓舞着我们，让我们敢于直面困难，积极乐观地解决问题。这是父亲送给我们最好的人生礼物，它会让我们终身受益。谢谢您！

最后，让我们共同举杯，祝愿我的父亲年年有今日，岁岁有今朝！也祝愿所有的亲朋好友幸福安康！干杯！

伞寿：酒香四溢庆大寿，亲朋好友共举杯

子女给老人祝寿是我国孝文化的重要传统之一，特别是到了老人七十、八十岁等大寿年龄，家人会更加重视。八十岁是人生的一个重要里程碑，寓意着生命的成熟和丰收。

之前，我们说过七十岁过寿称为古稀寿，那么，八十岁呢？八十岁有伞寿和杖朝寿之称，之所以称为伞寿，这是因为"伞"字的草体写法，从外形上看像"八十"。杖朝则出自《礼记·王制》中的一句话："五十杖于家，六十杖于乡，七十杖于国，八十杖于朝；九十者，天子欲有问焉，则就其室，以珍从。"

这句话的意思是说，人到了五十岁，就可以在家中拄着拐杖行走，六十岁可以在乡里拄着拐杖行走，七十岁可以在国都拄着拐杖行走，到了八十岁就可以拄着拐杖出入朝堂了。

此外，在民间有称八十岁生日为"过大寿""庆八十"的说法，不管叫法有怎样的不同，为老人庆祝八十岁生日流行于全国大部分地区，可见尊老、敬老是中华民族的传统美德。

【酒礼酒俗】

参加八十岁老人的寿宴是非常荣幸的事情，尽量准时到达，否则按照饮酒习俗可能要被主人罚酒三杯。

"罚酒"是国人敬酒的一种特殊方式。古人饮酒流行行酒令，若无法完成行酒令，就会被罚以饮酒。说到罚酒，会让人不由得想到"敬酒不吃吃罚酒"这一说法，这句话出自京剧《红灯记·赴宴斗鸠山》，鸠山威胁李玉和："老朋友，要是敬酒不吃罚酒的话，可别怪我不懂得交情！"

罚酒虽然沿用至今，但是罚酒的理由发生了很大变化，如迟到要罚酒、游戏输了要罚酒、讲错话要罚酒等。我们在酒桌上，常常听到有人说，"今天我高兴，三杯为敬以表诚意""对不起大家，我来晚了，我自罚三杯"。

为什么在酒桌上无论是敬酒还是罚酒，都是三杯呢？《诗经·小雅·

瓠叶》中有这样一句话："幡幡瓠叶，采之亨之。君子有酒，酌言尝之。有兔斯首，炮之燔之。君子有酒，酌言献之。有兔斯首，燔之炙之。君子有酒，酌言酢之。有兔斯首，燔之炮之。君子有酒，酌言酬之。"

这段话描写了周朝贵族宴饮、宾主敬酒的情形，诗中提到的"献""酢""酬"，是古人饮酒的一套礼节，称为"一献之礼"，又称为"三爵之礼"。

"献"指的是主人先喝一杯，现在主人宴请宾客，向客人敬酒时，也常常会说，"我先干为敬"；"酢"指客人回敬，主人敬了客人之后，客人要回敬主人，这是一种礼节；"酬"是指主人为了让宾客喝得开心，举杯敬所有宾客，主人先饮尽杯中酒，宾客后饮。

【祝酒词】

在伞宴上，老人的子女在发表祝酒词时，语速要适当放缓，以便寿者能听清楚。祝酒词的主要内容除了表达对寿者的祝福外，还应赞颂寿者的功德。

松柏长青迎福寿，儿孙满堂庆华诞，健康长寿乐逍遥。

伞寿祝酒词

【主题】生日祝酒

【场合】生日宴

【人物】亲朋好友

【致辞人】寿者儿子

【致辞风格】言辞简洁，语速放缓

尊敬的各位长辈，各位亲朋好友：

大家好！

人过七十古来稀，寿至耄耋更可喜。今天我们欢聚一堂，共同来庆祝我父亲八十大寿。我代表全家对各位的到来表示热烈的欢迎和衷心的感谢，谢谢大家送给我父亲的祝福，谢谢你们的关爱。

献身教育四十载，无怨无悔心花开。为人师表几十年，教书育人出英才。我的父亲是一名人民教师，在三尺讲台上度过了近四十个春秋，工作勤勤恳恳，深得学生和家长的认可。逢年过节，有很多来自天南海北的学生来看望父亲，这让我不由得想起唐代诗人白居易《奉和令公绿野堂种花》中的两句：令公桃李满天下，何用堂前更种花。

教师是一个光荣且清贫的职业，当初父亲有机会去更好的平台发展，但父亲不舍得离开他的三尺讲台，他常说："我就愿意守着学校，守着一批又一批的学生来了又离开。"父亲就是这么朴实无华，记得当年有一个学生因家境贫寒差点辍学，是父亲一次又一次地登门拜访，并承诺从自己微薄的工资中拿出一部分资助这名学生，才使这名学生重返校园。

当时，我的家庭条件并不好，我非常不理解父亲的做法，甚至还有些怨恨他。他对我说："老师是一份良心职业，我看不得学生辍学。"随着年龄的增长，社会阅历的增加，我越来越觉得父亲的伟大。在经济上，父亲是贫穷的，但在精神上，他是富有的。父亲的言行在潜移默化中影响和教育了我，送给我一笔宝贵的精神财富。

父亲，今天是您的八十岁生日，我祝您健康长寿，笑口常开！同时也祝福在座的亲朋好友们身体健康，平安吉祥。来，让我们共同举杯，为这个美好的时光干杯！

九十大寿：痛饮杯中琼浆，幸福如影随形

随着生活条件和医疗水平的提高，人们的寿命逐年增加，如今人们的平均寿命超过了 70 岁，但是能超过 90 岁的老人所占比例并不高。所以，若子女有机会给老人办 90 岁寿诞，真是大喜之事，通常会办得隆重又热闹。

90 岁又雅称为鲐背之年，鲐，原指鲐鱼，因为老年人背部的褶皱与鲐鱼的斑纹十分相似，故九十曰"鲐背"，注意这里的鲐背并不是指"鲐鱼的背部"，而是指背部像鲐鱼的老人，进而用鲐背来泛指老人。

【酒礼酒俗】

老人过九十大寿时，不仅会大摆筵席，经济富裕的家庭还会请人唱戏、扭秧歌，宾客也会十分兴奋，有的地方还流行行酒令，气氛活跃至极。

什么是酒令呢？简单地说，就是把酒与游戏二者结合在一起，故又被称为"酒戏"，即饮酒的游戏。

酒令始于春秋战国，兴盛于唐朝。行酒令的目的主要是活跃气氛，因为参加宴席的宾客可能互不认识，只喝酒不交流，多少有些尴尬，行酒令正好缓解了这一尴尬。

尽管我国酒令的形式多种多样，但汇总下来大致可以分为两类：雅令和通令。雅令要求比较高，需要参与者有一定的文化水平，其行令方法是：先由一人起头，作一首诗或者一个对子，其他人接着创作，但必须保证形式与内容一致，不然就会被罚酒。

有一天，明代三大才子之一的徐文长和六位文人一起喝酒吃饭，那六位文人事先商量好，要捉弄一下徐文长，故意在桌子上摆了六道菜。因徐文长年龄最小，他们便要求按照年龄大小行酒令，要求是每个酒令必须说出一个与桌子上的菜品有关的典故，若说不出来，就吃不到菜。

年龄最大的端起桌子上的红烧鱼，说道："姜太公钓鱼。"第二个人端

起一盘鸡肉,说道:"时迁偷鸡。"第三个人端着一盘红烧肉,说道:"张飞卖肉。"第四个人紧接着说"苏武牧羊",把羊肉端了去。第五个人边说"朱元璋杀牛",边将一盘牛肉收入囊中。第六个人见桌子上只剩下一盘青菜,急忙说道:"刘备种菜。"

六位文人各端着一盘菜,笑嘻嘻地看着徐文长,徐文长见桌子空空如也,立刻明白了这些人的用意,他不慌不忙地说道:"秦始皇吞并六国。"然后他一下子就将六盘菜都端到了自己身边,六个文人面面相觑。

看来,在古代要行雅令,没有些真才实学,恐怕连饭菜都吃不到。相比雅令,通令更具游戏性质,主要有猜数、划拳、抽签等,不需要参与的人有多高的文化水平,很容易活跃酒宴气氛,所以更加流行。

【祝酒词】

老人能过九十岁大寿,是老人的福气,也是子女的福气。在寿宴上,致祝酒词的往往是晚辈。在发表祝酒词时,致辞人最好能站在老人身边,并放慢语速,方便老人听清楚,其内容主要包括对老人的祝福和赞颂等。

九十大寿祝酒词

【**主题**】生日祝酒
【**场合**】生日宴
【**人物**】亲朋好友
【**致辞人**】寿者儿媳
【**致辞风格**】言辞简洁,语速放缓

尊敬的各位长辈,各位亲朋好友:

春秋迭易,岁月轮回。今天我们欢聚一堂,带着共同的祝愿,为我的婆婆、我亲爱的妈妈张女士庆祝九十大寿。在此,我谨代表全家向各位的到来表示热烈的欢迎和由衷的感谢,同时也代表各位来宾向今天的寿星、我亲爱的妈妈送上真诚的祝福,祝您与天地分比寿,与日月分同辉。

风雨历程九十载,历经寒冬酷暑,有过欢笑,有过泪水,母亲用那不强壮的身躯,为孩子们搭建一处避风的港湾,用无私的爱带给子女们幸福与快乐。

如今孩子们都已经成家立业,感到无比幸福的是,母亲虽已走过九十个春秋,但依然健健康康,这是母亲的福气,更是儿女们的福报。母亲一生积蓄的最大财富就是勤劳善良的高尚品质,宽以待人、诚实有信的处世情操，积极向上的生活态度。

　　您的教诲让我们学会了做人、做事。今天，我们的家庭能够幸福平安，都是母亲您的功劳。在这里，我代表您的孩子们，发自内心地对您说一句："妈妈，您辛苦了，谢谢您！"

　　最后，请让我们共同举杯，祝福我的妈妈健康长寿，祝福各位亲朋好友身体健康，干杯！

百岁寿辰：期颐之年，琼浆祝寿

人满一百岁，称为期颐、期颐之年，期是期待，颐是供养，意思是说百岁老人的饮食起居已经无法自理，需要别人的供养和照顾。

在我国的传统文化中，百岁是人生的一个重要节点，是一个值得被庆贺的事情，因此我国流传着很多与百岁相关的传统礼仪。

当老人满一百岁后，老人的子女会举办一个盛大的庆祝活动，邀请亲朋好友前来参加盛宴，共同庆祝这个值得纪念的日子。庆祝活动的内容十分丰富，包括祭祖、酒宴、演出和赠送礼物等。

祭祖是百岁庆典的一个重要内容，老人的子女会事先准备好香炉和祭品，将其放在祖堂前，全家人一起焚香叩拜，感谢祖先的庇护，祈祷家人健康平安。

摆设酒宴，一来答谢宾客；二来给寿星提供和亲朋好友相聚的机会，庆祝这难得的团圆。演出则是为了增加喜庆的气氛，让寿星和亲朋好友度过一段快乐美好的时光。通常，亲朋好友会给寿星送上礼物，以表达对老人的祝福，祝愿老人福寿绵长。

【酒礼酒俗】

在百岁老人的寿宴上，老人的子女即东家，为了活跃气氛，可以带领大家一起玩游戏，比如划拳就是一种喜闻乐见的游戏。

划拳又叫猜拳、拇战，是汉族民间饮酒时的一种助兴游戏。该游戏起源于汉代，流传至今已经有两千多年的历史了。

据说划拳起源于巴人船工，巴人指的是现在的重庆人，巴人船工有舞枪弄棒的爱好，因在船上施展不开拳脚，就以喊船工号子的方式进行互动，划一次船桨，就喊一种招式，直到一方认输，再由获胜的一方出招。

后来，人们把巴人船工的这种娱乐方式应用到了喝酒上，一直流传至今。传统的划拳方法是：两人同时伸出一只手，并同时猜出两个人所出的数字之和，两人都猜对或猜错，游戏就继续进行，直到一方猜对，猜错的人就会被罚酒。比如，一个人伸出两根手指，另外一个人伸出了三根手指，一个人喊了七，一个人喊了五，那么，喊了七的人就错了，就要被罚酒。

【祝酒词】

百岁老人不多见，若有幸能为父母庆祝百岁寿诞，那是子女最大的福分，一定要好好珍惜，为老人好好地庆祝一番，在寿宴上，将对老人的爱与尊敬表达出来，成为今后一家人幸福的回忆。

百岁寿辰祝酒词

【主题】 生日祝酒
【场合】 生日宴
【人物】 亲朋好友
【致辞人】 寿者儿子
【致辞风格】 言辞简洁，语速放缓

亲爱的家人们，朋友们：

大家好！

山中难寻千年树，世上难得百岁人。今天是个好日子，祥云飞舞，歌声飞扬，在我父亲期颐之年的大喜日子里，我们欢聚一堂，共同庆祝父亲的百岁寿诞。在这里我谨代表全家向各位的到来表示热烈的欢迎，衷心感谢各位为父亲送来祝福和关爱。

古语有言：人生七十古来稀。如今我的父亲风风雨雨走过了一个世纪，这是我们做儿女的福气。在那个社会动荡的年代，父亲和母亲共同将我们六个子女拉扯长大，实属不易！父亲是一名工人，收入微薄，为了给我们提供好的生活条件，父亲省吃俭用，想方设法地赚钱养家。

我小时候的一天深夜，我迷迷糊糊地听到母亲小声地对父亲说："别把裤腰带勒那么紧，腰上都有很深的印记了。"父亲轻轻地叹了一口气，说道："不勒紧裤腰带就饿得发慌，我要是把粮食都吃了，孩子们怎么办？"

树木繁茂归功于土地的滋养，儿女的成长归功于父母的辛劳。在父亲的呵护下我们长大成人，父亲的爱如大山般厚重，如大海般深沉，千言万语汇成一句话："爸爸，您辛苦了！谢谢您！"

父亲的恩德将永远留在我们子女的心中，今后我们会更加孝顺父亲，

让父亲生活的幸福祥和。

　　最后，请大家共同举杯，欢饮美酒，共享这难忘的一天，同时也祝愿在座的各位亲朋好友身体健康，万事如意。干杯！

苍龙日暮还行雨，老树春深更著花。

父母生日：献酒上寿，谢父母恩

为父母庆生、祝寿是孝道的体现，自古有之。在父母生日的时候，邀请亲朋好友欢聚一堂，能让父母感到被重视、被关爱，并且可以借此机会，增加与亲友之间的感情，可谓一举两得。

值得一提的是，在古代"过生日"与"祝寿"这两者是有着严格区别的，通常来说，人们把幼、少、青、壮年的生日的礼仪称为"过生日"，而不能称为"祝寿"，只有上了年纪的老人过生日才能称为"祝寿""庆寿"。

古人认为千富贵不如一长寿，我国传统有"五福"一说，指的是福、禄、寿、财、喜，其中以寿为先，受此观念的影响，从古至今人们都十分重视祝寿活动，对父母的寿诞更是马虎不得。

【酒礼酒俗】

我国的祝寿习俗可以追溯到春秋战国时期，但那时候的祝寿不一定发生在寿宴上，遇到喜庆的节日或者有宾客上门，都可以摆酒设宴，宴席之上，晚辈就可以向长辈祝寿，称之为"献酒上寿"，宾客也要向设宴的主人举杯祝福。

诞辰庆贺的风俗正式出现应为魏晋南北朝时期，当时祝寿的主角主要是父母。有史料记载，梁元帝的母亲阮令嬴因信奉佛教，她生日的时候，梁元帝都为其设斋讲经，但阮令嬴过世后，诞辰设经的活动就不再举办。由此可见，为父母庆生是在大力提倡孝道。

【祝酒词】

作为儿女，在父母有生之年，陪伴他们度过每一个生日，既可以让父母体会到为人父母的幸福，也能给儿女提供一个向父母表达孝心和感激之情的机会。

父亲生日祝酒词

【主题】生日祝酒

【场合】生日宴

【人物】亲朋好友

【致辞人】寿者儿子

【致辞风格】温馨温暖，充满爱意

亲爱的家人们，朋友们：

大家好！

今天是个阳光明媚的好日子，我的心情也跟着一起灿烂起来，因为今天是我父亲五十岁的生日，在此我谨代表全家向各位的到来表示热烈的欢迎，感谢你们在百忙之中抽出时间，和我的父亲一起度过这个美好的日子。

回顾父亲五十年的风雨历程，他留给我们兄妹最深的印象是勤奋好学。父亲年幼时因家境贫寒，早早地辍学，参加了工作，但父亲每天下班回到家，都在伏案学习。那时我们年龄小，不知道父亲在学习什么，只知道若是我们吵闹打扰到了他，他定会大声地制止我们，渐渐地，看到父亲在学习，我们都会蹑手蹑脚，生怕招惹父亲生气。

后来，我们才知道父亲是在考取会计证，从初级会计职称到高级会计师，父亲从未停止过学习的脚步。从父亲身上我们也感受到了知识的力量，随着职称的提升，父亲的收入水涨船高，家里的经济条件得到了明显改善。

或许是因为职业的缘故，父亲对我们的学业要求非常严格，不得有丝毫的马虎，否则就会遭到严厉的批评。正是在父亲的严格要求下，我和妹妹都考上了重点大学，拥有了一份不错的工作。我们曾经怨恨过父亲的不近人情，待长大后，终于明白他的良苦用心。借着这个机会，我们兄妹想发自内心地对父亲说："爸爸，谢谢您，感谢您给予我们无尽的爱和支持，祝愿您在未来的工作和生活中，顺心顺意，万事如意。"

最后，再次感谢亲朋好友的到来，让我们共同举杯，为我父亲五十岁生日干杯，为我们明天的幸福生活干杯！

爱人生日：情深意浓，为爱干杯

你每年都会为爱人过生日吗？或许有些人因为工作忙碌、生活琐事，常常将爱人的生日忘记；或许有些人认为已经是老夫老妻，不需要仪式感了。其实不然。

首先，生日是一年之中比较特别的日子，每过一个生日，就意味着我们又度过了一年，过生日的意义在于让人们回顾过去，展望未来。

其次，生日是一个团聚的时刻，为爱人准备一份生日礼物，策划一场生日宴，邀请上亲朋好友，在大家的见证下，向爱人表达关爱，能增加彼此之间的感情。

总之，过生日的意义远不止吃一顿丰盛的生日宴，或找三五知己把酒言欢一场，这份甜蜜会成为日后美好的回忆，成为夫妻感情的增稠剂。

【酒礼酒俗】

酒是生日宴的最佳搭档，古人饮酒赋诗，表达爱意，其浪漫程度绝不输现在的年轻人，如宋代诗人吴芾所作的《老妻生朝为寿》曰："白首喜为林下伴，愿从今日到期颐。"还有宋代诗人项安世的《内子生日》有言："愿言尊幼俱彊健，归著斑衣伴老莱。"

现在为爱人庆祝生日，已经很少有人像古人一样吟诗作对了，但活跃气氛的方式很多，比如色子类酒令就很流行。色子类酒令有很多种玩法，猜大小是其中的一种，这种酒令不受人数和文化程度的限制，人人都可以参与。

具体的游戏方法是：准备好六枚色子，将其装在一个不透明的盒子里，摇晃盒子后，猜盒子中色子点数的大小，15 点为半数，过半为大，未过半为小，猜错的人就要被罚酒。

【祝酒词】

给爱人过生日，是一次向爱人表达爱意的好机会，在致祝酒词时，内容要围绕爱人对家庭的贡献，以及对爱人的付出表示感谢两大方面展开。

日月轮转永不断，情若真挚长相伴，无论天涯与海角，我愿与你长依依。

爱人生日祝酒词

【主题】生日祝酒

【场合】生日宴

【人物】亲朋好友

【致辞人】丈夫

【致辞风格】感情饱满，充满爱意

各位亲朋好友：

大家晚上好！

今天是我太太的生日，大家能抽空来参加我太太的生日晚宴，我感到非常荣幸，我对大家的到来表示热烈的欢迎。诸位为我太太送上了诚挚的祝福，对此我表示衷心的感谢。

结发为夫妻，恩爱两不疑。茫茫人海中，我们相识于大学校园，我们从校服走到婚纱，转眼间已经携手相伴十余载，往日的恩恩爱爱依然历历在目，恍如昨日。

我家境贫寒，连大学学费都交不起，靠着助学贷款和勤工俭学，勉强完成了学业。大多数女孩对我这种穷小子敬而远之，可我太太却没有。我们相爱后，我太太在生活上照顾我，在学业上帮助我，给了我无尽的关怀。

毕业后，我们一起来到了这座城市，当时我们每个人拎着一个皮箱，那是我们全部的家当。经过几年的奋斗，我们买了房子，拥有了自己的小家，还生了两个可爱的孩子，日子过得充实又幸福。

执子之手，与子偕老。××（太太的名字），任何华丽的辞藻都无法表达我对你深深的爱意，不管是现在还是将来，乃至下辈子，我都愿意永远和你在一起，让我们携手一起漫步人生路，一起慢慢变老。

最后，祝愿我太太生日快乐，永远年轻漂亮；也祝愿各位亲朋好友爱情甜蜜，家庭幸福美满。

恩师生日：师以桃李荣，把酒谢恩师

一朝沐杏雨，一生念师恩。尊师重教是我国的传统美德，自古就有学生为老师祝寿的习俗，如古人倡导的"三节两寿"中"寿"就包括老师的生日。伟大领袖毛主席也曾为自己的恩师徐特立亲自祝寿。

1937年初，徐老六十大寿之时，是毛主席工作非常繁忙的时期，1月31日晚上，毛主席工作了一通宵，来不及休息，立即为徐老写贺词。写完贺词，毛主席连饭都没有顾得上吃，便急忙赶到寿堂，了解祝寿活动的准备情况。

在大家的热切期盼中，徐老戴着一顶鲜艳的大寿帽，在毛主席等人的陪伴下走进寿堂，众人纷纷起身祝贺，并恭敬地向他敬献寿酒，让徐老度过了一个热闹又难忘的寿诞。毛主席为恩师祝寿的故事也传为了佳话。

【酒礼酒俗】

参加老师的寿宴，身为学生一定要照顾好老师，帮忙布置酒宴，最好能在宾客离开后再离开。当然，有时候可能确实因为某些原因，必须提前离开，那么，中途如何退席，才显得有礼貌，不失礼节呢？

首先，离开的时候，尽量做到悄悄地离开，不需要和同桌的所有宾客打招呼，不然很容易引起羊群效应，有一个人离开了，其他人也接二连三地离开，这是很煞风景的事情，所以，我们只需要和身边的两三个人打声招呼即可。

其次，中途离开酒宴，一定要向邀请你来的恩师说明情况，并致歉。不能不打招呼、默不作声地离开，这是对恩师的不尊重。

最后，和恩师打过招呼后，就要立马离开，因为恩师可能还要招待其他客人，切莫拉着恩师聊太久，以免耽误了恩师照顾其他宾客，从而造成失礼。

值得一提的是，离开的时候千万不要去询问其他人，"你们要不要一起走？"这可能会造成原本热闹的酒宴，一下子提前散场，变得冷冷清清。

【祝酒词】

　　老师像一座通向知识海岸的长桥，他成就了我们，我们要懂得知恩图报。在老师生日的时候，我们可以精心准备一份小礼物，通过祝酒词回忆往昔的美好时光，向老师送上祝福，表达对老师的感激之情。

恩师生日祝酒词

【主题】 生日祝酒
【场合】 师生宴会
【人物】 老师、同学
【致辞人】 学生代表
【致辞风格】 感情饱满，情真意切

尊敬的各位来宾：

大家好！

岁月如梭，春秋轮回。值此高老师华诞之时，我们欢聚一堂，共同祝福恩师寿比天高，福比海深，松鹤同春，福乐绵长。

小鸟展翅看大鸟，学生成长靠老师。我们虽然已经离开学校多年，但是高老师的谆谆教诲从未忘记。您常常对我们说："学无止境，人生就是一个不断探索的过程。"还记得毕业的时候，您在毕业典礼上再三叮嘱我们不要离开了学校，就丢了书本，一定要坚持学习。

当初，我对高老师说的话还有些不屑一顾，待我踏入社会才发现，我要学习的东西真的有很多，包括技能知识、为人处世的道理、人际交往的技巧等，我终于理解了恩师的良苦用心。

一日为师，终身为父。离开学校后，每每遇到生活和工作上的困惑，打电话给高老师，他总是耐心地听我诉说，为我提出宝贵的意见。您不仅是我的老师，更是我的益友。借此机会，我想大声地对您说一句："高老师，谢谢您！您给予了我父亲般的疼爱！"

最后，在这个美好日子里，请让我们共同举杯，再次向恩师表达祝福，祝愿高老师福如东海，寿比南山，干杯！

朋友生日：点点烛光点点情，杯杯美酒杯杯福

快乐要和朋友一起分享，所以，过生日的时候，邀请朋友把酒言欢，尽情畅饮，可使身心得到放松，度过一段愉悦舒适的美好时光。

不仅是现代人，古人也喜欢邀请朋友一起庆祝生日。话说郑板桥有一次应邀参加好友李启的生日宴，天公不作美，突然下起了滂沱大雨。酒宴后，主人拿出文房四宝，请各位宾客献诗作画来贺寿，大家写的都是一些祝福的吉祥语，唯独郑板桥例外。

只见郑板桥提笔在纸上写下"奈何"两字，众人看了纷纷摇头，主人面露愠色，紧接着郑板桥又写下"奈何"两字，此时，主人的脸色已经有些难堪，脸涨得通红，如猪肝一般。可郑板桥不理会，继续写道"可奈何"。

这时候大家都坐不住了，纷纷指责郑板桥不应该在好友的生日宴上胡闹，郑板桥并不解释，自顾自地写着，不一会儿，一首绝妙贺寿诗呈现在众人面前：奈何奈何可奈何，奈何今日雨滂沱。滂沱雨祝季公寿，寿比滂沱雨更多。众人禁不住拍案叫绝，主人的脸上也露出了喜悦的笑容。

【酒礼酒俗】

参加朋友的生日宴，如果是非正式的酒宴，只是三五好友小聚，敬酒的时候，就不需要那么多繁文缛节，可以坐着敬酒；如果是正式场合，赴宴的人比较多，就应该注重礼节，向别人敬酒时，应站起来，以表示对对方的尊重。

我们在给别人倒酒时，对方常会做出这样一个动作：将食指和中指并拢，轻轻敲击桌子三下。若不懂这个动作的含义，很可能会误读为对方不尊重自己，其实这个动作是用来表示感谢的。在我国的饮酒文化中，敲桌子是一种行酒礼，是由古代的行跪礼演变而来的。

【祝酒词】

你受邀参加朋友的生日宴，在致祝酒词时，不仅可以祝福朋友，还可以讲一讲你与朋友的过往，唤起彼此美好的回忆，使你们的感情更加深厚。

朋友生日宴祝酒词

【主题】生日祝酒

【场合】生日宴会

【人物】好友

【致辞人】好友代表

【致辞风格】情真意切、风趣幽默

朋友们：

大家晚上好！

虽已是隆冬时节，但大堂内温暖如春，每个人都喜笑开颜。今天是什么日子，让我们共同相聚在这里呢？今天就是我最最最可爱的朋友小路的生日。在这里，我谨代表各位好友祝小路生日快乐，幸福永久！

蓦然回首，我与小路相识已经五年了，但我还依稀记得我们第一次在电梯内遇见的场景，她梨涡浅浅人面俏。看见她第一眼，我认为她一定是一个不苟言笑的大家闺秀。

实际上，我被她那浅浅的梨涡骗了，她就像火辣辣的小辣椒，热情奔放，爱憎分明，路见不平拔刀相助。若让小路穿越到古代，她一定是仗剑走天涯的侠客。能结交这样的朋友，我荣幸之至，结交在相知，骨肉何必亲，我们虽不是亲姐妹但胜似亲姐妹。在这里，我想大声对小路说："小路，认识你真好！我们要做一辈子的朋友。"

来吧，我们亲爱的朋友们，让我们共同举杯，端起这芬芳醉人的美酒，为小路祝福，祝她永远年轻漂亮，工作顺利，早日遇良人，成功脱单，干杯！

第三章

婚宴：百年恩爱双心结，
杯杯美酒沁心扉

　　良辰美景，百年好合。在结婚的大喜之日，怎么能少了琼瑶美酒呢？夫妻同饮交杯酒，幸福长长久久。赴宴嘉宾喝了喜酒，沾喜气，遇好事。在热闹喜庆的婚宴上，精彩的祝酒词可以让婚礼的氛围更热烈，让幸福更甜蜜。

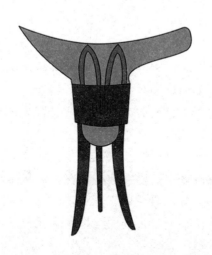

新娘、新郎祝酒词：同饮交杯酒，恩爱到白头

　　人生有四大喜事：久旱逢甘霖、他乡遇故知、金榜题名时、洞房花烛夜。结婚是人生的一个重要时刻，是大喜之事，所以，自古以来中国人结婚都要大摆酒宴，以示庆祝。

　　有些人结婚会把婚宴设在酒店，虽价格不菲，但是为了喜庆，人们会心甘情愿地这么做。有些人结婚会把婚宴设在家里，在宽阔的庭院或者街道上，数十张桌子整齐排开，可以满足数十、数百人赴宴的需求。

　　总之，人们都会把婚宴搞得热热闹闹，喜气洋洋，有的地方还会摆几天的流水席，不管是否是宾客，都可赴宴，寓意美好的生活幸福长久。

【酒礼酒俗】

　　人们常把参加别人的婚宴，称之为喝"喜酒"，渐渐地"喜酒"成了婚礼的代名词。在婚宴上，与酒有关的礼仪风俗有很多，合卺礼就是其中之一，该礼仪起源于周代，是古代婚礼中的一个重要仪式，经过三千多年的演变，逐渐变成了现在的"交杯酒"。

　　合卺礼中的"卺"是一种匏瓜，俗称苦葫芦，因味苦不可食。合卺就是把一只匏瓜分成两半，用来盛放酒水，被分成两半的匏瓜的瓜柄处用一根线连接在一起，新郎和新娘各饮一卺。

　　那么，新人为何要用卺盛放美酒呢？这是因为卺味是苦的，酒的味道也是苦的，新婚夫妻饮用了卺中苦酒，寓意着今后夫妻两人会同甘共苦，风雨同舟。将匏瓜剖开，又用线连接在一起，象征着夫妻原本是独立的个体，现在把两个人合二为一，紧紧地联系在了一起。

　　到了南北朝时期，行"合卺礼"又增加了新内容，即新人喝酒之后，将被剖开的匏瓜重新扣在一起，并用丝带缠绕起来，称之为"连卺以锁"，象征着相爱的两个人永不分离。

　　从周代到宋代之前，新人都是用匏瓜作为酒具饮酒的，到了宋代，改用木杯，新人饮酒后，要将木杯丢到床底下，如果两只木杯一仰一合，则

代表着阴阳和谐，大吉大利，这就是合卺礼演变成交杯酒的由来。

　　无论是周代的合卺礼，还是始于宋代的交杯酒，都是用丝线相连的，渐渐地由丝线衍变出了一种新的结婚礼仪——"拴线"仪式，故有"千里姻缘一线牵"的说法。在一些古装片的结婚桥段中，经常看到男女各牵着红缎的一头，走入洞房，这也是"拴线"仪式的一种体现。

【祝酒词】

　　结婚是人生中最重要的事情之一，亲朋好友都来见证一对新人的幸福，在这个特别的时刻，作为主角的新郎、新娘，在致祝酒词时，其内容应围绕"感谢"展开。

执子之手，与子偕老，成家之始，成双成业。

新郎祝酒词

【主题】 婚嫁祝酒

【场合】 婚嫁宴会

【人物】 新郎、新娘及双方的亲友、来宾

【致辞人】 新郎

【致辞风格】 热情洋溢、激情澎湃

尊敬的各位领导，亲朋好友们：

大家好！

今天是我和×××喜结连理的日子，此时此刻，我非常开心，也非常激动，千言万语都汇聚成了两个字——感谢。

首先，感谢亲朋好友在百忙之中远道而来参加我们的婚礼，我谨代表我们全家向各位的到来表示热烈的欢迎，希望大家吃得开心，喝得畅快。

其次，我要感谢含辛茹苦二十多年，把我们养大成人的四位父母，你们在我们身上倾注了无尽的爱，你们是阳光、是雨露，我们是幼苗，没有你们的滋养，就不会有现在的我们。养育之恩无以回报，唯有在今后的日子里，我们尽最大的努力让你们生活好，同时将我们的小家建设好，让你们放心。

最后，我要感谢我的爱人×××，感谢你在我人生低谷时，不离不弃，陪伴我前行，鼓励我，温暖我。你是我生命中最重要的人，余生，我一定会好好爱你，好好呵护你。

还记得我们的誓言吗？执子之手，与子偕老，当岳父大人将你的手交到我手心的那一刻，我就暗暗地对自己说，我这一辈子一定不让你受委屈、受伤害，虽然我不是什么大富大贵之人，但是我会尽自己所能爱你、宠你，把你当作手心里的宝儿。今天我把这些话当着亲友的面说出来，就想让大家为我做一个爱的见证。

最后，请大家共同举杯，祝各位万事如意，阖家幸福。谢谢！

白头到老，山高水长，百年琴瑟，百年偕老。

新娘祝酒词

【主题】婚嫁祝酒

【场合】婚嫁宴会

【人物】新郎、新娘及双方的亲友、来宾

【致辞人】新娘

【致辞风格】热情洋溢、风趣幽默

尊敬的各位领导，亲朋好友们：

大家好！

今天是我大喜的日子，首先，我对大家的到来表示热烈的欢迎和衷心的感谢，你们的到来使今天的婚礼变得更加精彩与喜庆。

在茫茫人海之中，我能遇到我的先生×××，源于一次追尾事故。三年前，我无意中追尾了×××的车，那时我刚拿到驾照不久，开车技术还不够娴熟，发生交通事故后，我紧张得差点连车门都打不开。当×××向我走来的时候，我的心都跳到嗓子眼了，我以为他一定会大发雷霆，没想到他不但没有责怪我，反而担心地问我有没有受伤。

或许从那一刻，我就深深地被他的温文尔雅吸引了。后来，我们就成了男女朋友，好像一切都顺理成章，没有任何刻意。十年修得同船渡，百年修得共枕眠，我们能相识、相知、相爱，大概是千年前的一段缘吧。亲爱的×××先生，感谢你愿意用宽阔的臂膀给我一个安全的港湾，余生，我会好好地和你在一起，无论贫穷与富贵，无论疾病与健康，我都会与你不离不弃，永远偎依在一起。

在这里，我还要向我们的父母和公婆表示感谢，感谢父母的养育与栽培，如今女儿已经长大成人，嫁为人妻，请你们放心，我一定会努力做一个好女儿、好妻子、好儿媳。感谢公婆把×××培养得这么优秀，感谢你们对我的疼爱和包容，今后我们就是相亲相爱的一家人，如果我有做得欠妥的地方，还请你们多担待，多指教。

最后，请大家共同举杯，祝愿大家身体健康、阖家欢乐、事业进步、万事如意，干杯！

介绍人祝酒词：喝了起媒酒，促成好姻缘

婚姻介绍人，也就是我们常说的媒人，媒人在男女婚事中起着牵线搭桥的作用，尤其是在我国古代的婚姻制度中，有"父母之命，媒妁之言""无媒不成婚"的说法，可见媒人地位之高。

那么，在古代为什么媒人的地位如此之高呢？因为在封建社会里，人们的教育、娱乐，乃至劳动，都局限在家中，与外界的接触较少，谁家女儿待字闺中，谁家儿子到了守室之年，彼此完全不知晓，而且封建风俗使得人们在择偶问题上比较腼腆害羞，因此，需要媒人从中穿针引线。

从古至今，媒人都十分受人尊敬，在古代婚姻中，媒人不仅能得到礼金，新人举行婚礼时，还要对媒人进行拜谢，以感谢媒人促成美好姻缘。时至今日，依然有谢媒礼一说。

【酒礼酒俗】

婚嫁是人生大事，媒人又在其中充当着重要的角色，因此，答谢媒人是一种很重要的礼节，比如，有些地方流行的"起媒酒"。男孩和女孩虽自由恋爱，但还是会请个媒人从中牵线，方便就彩礼等结婚细节方面与双方父母沟通。一般由男方请媒人向女方提亲，请媒人时要送一些礼品，并好酒好菜招待一番。

从起媒酒开始，到男女双方步入婚姻殿堂，举办婚宴，其中还要置办各种宴席喜酒。起媒酒喝完，紧接着是过门酒，媒人受男方的委托，到女方家提亲，女方答应后，男方就要带上礼品，和媒人一起去女方家求婚，提亲后，女方的父母、亲友，要在媒人的陪同下，前往男方家中，称之为"踩门户"，有些地方也称为"相家"，男方会备好酒菜，招待女方来客，称之为"过门酒"。

若女方对男方比较满意，就要举行订婚仪式，男方需要备好礼品，在媒人的陪同下，到女方家拜认直系亲属，称为"认亲"，代表着男方和女方的婚姻关系正式确定下来，女方需要摆酒设宴，招待未来的女婿、亲朋好友、媒人，称为"定亲酒"，有的地方也会将"定亲酒"设置在男方家

中举行。

定亲之后，距离举办婚礼就很近了，但在此之前，还要喝两次喜酒，在临近婚礼时，女方会置办酒席，招待前来送礼的亲朋好友，称之为"花圆酒"。在"花圆酒"的当天晚上，女方家要备好酒席，出嫁的姑娘向父母、兄弟姐妹、亲人敬酒告别，称之为"离娘酒"。

"离娘酒"喝完的第二天，就是女孩的出嫁日，会举办热热闹闹的婚庆酒，婚礼之上，新人要喝交杯酒，婚宴结束了，是不是喜酒就喝完了呢？并非如此，还要喝"圆饭酒"和"回门酒"。

在一些地方结婚要连办三天，第一天招待帮忙的人和己亲；第二天除了招待己亲外，还要招待上亲和朋亲；第三天称为"圆饭酒"，只招待上亲、己亲。

回门酒，是指新人结婚后，新郎陪着新娘一起回到娘家，看望父母，一般在结婚的第三天回门，若路途遥远，也可以十天"回门"。新娘的父母会筹备丰盛的酒宴招待新人回家。有些地方会要求新人吃过回门酒之后，要在太阳落山前返回到自己的小家。到此喜酒才算真正地喝完。

【祝酒词】

介绍人是介绍新郎和新娘相识的人，是婚礼上最尊重的客人，在致祝酒词时，应对新人进行赞美和祝福，篇幅无须太长，意思表达出来即可。

介绍人祝酒词

【主题】婚嫁祝酒
【场合】婚嫁宴会
【人物】新郎、新娘及双方的亲友、来宾
【致辞人】介绍人
【致辞风格】言简意赅、朴实真挚

尊敬的各位来宾：

大家好！

清风拂面流淌着醉人的甜蜜，流云飞扬传递着真挚的祝福。作为×××先生和×××小姐相识的介绍人，我很荣幸地看到两人幸福地走向婚姻的殿堂。

×××先生气宇轩昂，风度翩翩，是一个勤奋好学、敢于担当的好男人；×××小姐天生丽质，蕙心兰质，是一个温柔善良、有上进心的好女人，两人有缘走到一起，可谓是天作之合结良缘，百年佳偶同心结。

今天，有情人终成眷属，意味着我这个"爱情使者"身份的结束，但是我对他们的祝福直到永远。希望你们结婚以后，在工作上互相勉励，事业上共同进步，生活上互相照顾；遇到困难相濡以沫，同甘共苦；发生矛盾时，冷静处理，平心静气地解决问题。新娘要孝敬公婆，相夫教子；新郎要成为家庭的顶梁柱，为妻子遮风挡雨。夫妻同心，生活才会更美好；夫妻同心，家庭才会更和谐；夫妻同心，方能白头到老。

千里姻缘情牵引，高山万水难断爱。来，让我们一起举杯，祝福这对新人永远相爱，携手共度美丽人生。

新人父母祝酒词：醇香酒满怀，饱含父母爱

在婚礼上，最受关注的肯定是新人，新人的父母应该是除了新人之外的主角儿。当新娘坐上婚车，有多少母亲忍不住流泪呢？就连一向刚强的父亲，在婚车缓缓开动的那一刻，都忍不住背过脸，偷偷地抹眼泪，他们心中有太多的不舍。

当新人站在婚礼舞台的中央欢声笑语时，他们的父母或许正在望着他们，难掩心中的激动，眼泪在眼眶里打转，眉目间透露着对新人的爱。

儿女结婚意味着他们要从原始的家庭中分离出去，组建自己的小家，父母心中或多或少都会感到不舍。

【酒礼酒俗】

在南方的一些地方，女儿出嫁时，会请宾客喝"女儿酒"，最具代表性的是浙江绍兴的花雕嫁女。嵇含在《南方草木状》中描述了花雕嫁女的传统风俗，大意是说：南方人生下女儿后，在女儿年幼的时候，就开始大量酿酒，等到冬天池塘干涸了，人们就把酒坛子封好口，埋在池塘中，即使春天池塘积满水，人们也不会把酒坛子挖出来。直到女儿出嫁时，人们才把酒坛子挖出来，招待宾客，所以，这种酒被称为"女儿酒"。

又因为酒坛子外面会雕刻上美丽的花纹，如花卉、人物、鸟兽等，所以"女儿酒"又称为"花雕酒"。"女儿酒"见证了女儿从呱呱坠地到长大成人的过程，饱含着父母对女儿的爱和美好祝福。

时至今日，江浙一带还流传着一个关于花雕酒的美丽传说。相传早年的时候，绍兴有一位张裁缝，他的老婆怀孕了，张裁缝希望能生个儿子，满心欢喜地在院子里埋下一坛子黄酒，想等儿子出生后，做三朝时用来招待宾客。

可是，张裁缝的愿望落空了，老婆为他生下了一个女儿，张裁缝感到十分失望，就把那坛子黄酒给忘在了脑后。岁月如梭，一转眼女儿长大成人，贤淑善良，嫁给了张裁缝最得意的一个徒弟，两人成婚之日，张裁缝

忽然想起多年前埋藏在院子里的那坛黄酒，立马将其挖出，打开后酒香四溢，沁人心脾，故起名为"女儿红"。

【祝酒词】

儿女成婚的大喜之日，父母一定很激动，此时此刻应该致怎样的祝酒词呢？父母的祝酒词不一定太正式、太官方，在言语中透露出对儿女真实的祝福和真实情感，才是最重要的。

新郎父母祝酒词

【主题】婚嫁祝酒
【场合】婚嫁宴会
【人物】新郎、新娘及双方的亲友、来宾
【致辞人】新郎父亲
【致辞风格】情真意切、幽默风趣

尊敬的来宾，亲朋好友们：

大家好！

今天是我儿子×××与儿媳×××结婚的大喜之日，在这个美好的日子里，首先，欢迎诸位的到来，感谢你们的捧场，使这场婚礼更加热闹，更有氛围。其次，我感谢×××的父母，感谢你们把女儿培养得那么优秀，让我的儿子有幸娶到一位贤良淑德的好女孩。

千里姻缘一线牵，缘分让这对年轻人走到了一起，身为父母我和我的爱人为他们感到高兴，为他们感到幸福。在这里我想对两位新人说，结婚不仅是为了拥有一个人，还要和他（她）一起承担生活的责任，这是婚姻的意义。现在，你们拥有了属于自己的小家，你们有责任把它经营好，经营好你们的小家，就是对父母最大的孝敬。

尽管你们现在爱得如胶似漆，但是磕磕碰碰是每对夫妻都会经历的事情。你们在婚姻生活中会遇到各种各样的问题，有时候会因为一些鸡毛蒜皮的小事发生争吵，这是你们成长的过程，也是相互了解的过程。只要你们相互包容，相互理解，你们就能和谐相处，你们的感情就会如陈年的老酒，愈久愈香。

以上这些是一个有着三十多年婚龄的人经验的总结，希望能对你们有所帮助。此外，若你们之间发生了非原则性的争吵，请不要打电话给我们和两位亲家，这是人民内部矛盾，我们概不发表意见，保持中立是我们一贯的态度。

最后，让我们共同举杯，祝愿二位新人白头到老，恩爱一生，同时也祝福大家身体健康，阖家幸福，干杯！

新娘父母祝酒词

【主题】婚嫁祝酒

【场合】婚嫁宴会

【人物】新郎、新娘及双方的亲友、来宾

【致辞人】新娘父亲

【致辞风格】情真意切、欢快热烈

尊敬的来宾，亲朋好友们：

　　大家好！

　　今天是我女儿×××和女婿×××××结婚的大喜日子，各位亲朋好友在百忙之中前来祝贺，我谨代表全家向各位的到来表示热烈的欢迎和衷心的感谢！

我这几天被人问得最多的一句话是：你的小棉袄被人穿走了，你难过吗？我的回答是：明明是我的小棉袄给我带回来一件皮夹克，现在我不仅冬天有棉袄，秋天还有皮夹克了，而且从此以后，我的小棉袄又多了一个男人疼她、爱她，我高兴还来不及，怎么会难过呢？

亲爱的女儿、女婿，在这里我想叮嘱你们几句话，×××（女儿的名字），你已经嫁为人妻，要收起你的任性，体贴老公，孝顺父母，应勇敢地承担起家庭的责任。

×××（女婿的名字），媳妇是你精挑细选的，请你好好呵护她、照顾她。若她犯了错误，你可以找我来告状，我和你岳母是出厂厂家，我们郑重承诺：终身保修，但不包换。×××（女儿的名字）虽然有些任性，但也很可爱，希望你能包容她。

在这里，我要感谢我的两位亲家，你们培养了一个优秀的好儿郎，我也非常庆幸我们家得到一位能干、懂事的好女婿。因为两个孩子相爱，我们成了一家人，希望今后我们常来常往，互帮互助，建立深厚情谊。

今天，为答谢各位亲友，借×××酒店这块宝地，为大家准备了一些清茶淡饭，不成敬意，若有照顾不周之处，还望各位海涵。

现在，让我们共同举杯，祝福这对新人百年好合，恩爱一生；也祝愿在座的亲朋好友身体健康，家庭幸福！

新人长辈祝酒词：愿爱情如美酒，历岁月更甘甜

办一场热闹的婚礼，不只是新郎、新娘两个人的事情，而是两个家庭的事情。在婚礼上除了主角新郎、新娘之外，新人的父母也非常忙碌，需要早早地到达婚礼现场，准备婚礼的礼品，招待宾客等。若是西式婚礼，父亲需要陪伴新娘入场，在仪式正式开始前，父亲一定要穿好西装，做好准备。总之，事情非常烦琐。

中国家庭讲究团结互助，一般谁家有喜事，同族中关系比较亲近的人都会主动来帮忙，比如，代替新人父母招待宾客，分发喜糖、喜烟等，在大家的共同努力下，才能让一场婚礼办得顺利、喜庆、热闹。

因此，新人们一定要懂得感恩，记得感谢那些为婚礼默默付出的亲友，在给大家敬酒的时候，要向他们多说一些表达感激的话语。

【酒礼酒俗】

无论天南地北，在婚宴上都有新人为来宾敬酒的习俗，这是婚宴上的一个重要环节，一方面新人对来宾的到来表示欢迎和感谢，另一方面宾客也可以借此机会向新人表达祝福。那么，婚宴上，新人敬酒有哪些礼仪呢？

1. 敬酒仪态

新娘应换上敬酒服（也可以是其他衣服，主要是行动起来比较方便），挽着新郎行走，两人步调快慢一致。

不敬酒时，应将酒杯稳稳地端在胸前的位置，不要一手拿酒杯，晃来晃去，这会给人留下不尊重他人的印象。饮酒时，要用酒杯去接近嘴唇，而不是用嘴巴去够酒杯。

值得一提的是，新娘最好将头发盘起来，或者扎起来，若敬酒时，头发落到酒杯中，就显得十分尴尬了。

2. 敬酒礼节

新人敬酒时，首先从主桌开始，先敬双方父母，再敬其他长辈；然后是次桌，要先敬新人关系较近的亲友、领导；最后是敬亲戚及父母的亲友。一般敬酒先从女方的亲友开始，再到男方的亲友。注意，一定要保证每桌都要敬到。

新人在敬酒之前，先将自己的杯子填满酒，再亲自为客人斟满酒，为表示对客人的尊敬，要双手为客人端起酒杯。

如果婚宴比较盛大，每桌敬酒的时间要缩短一些，不要出现宾客已经吃完了，新人还没有过来敬酒的情况。不需要每个人都敬，可一桌人共敬一杯酒，若有些人比较尊贵，需要单独敬酒，应在敬完所有的桌之后再进行。

【祝酒词】

婚礼上，虽然主角是新人和新人的父母，但对新人来说，长辈们从小看着他们长大，也是他们比较亲近的人，在这个特殊的时刻，也应该请他们上台，让他们致贺词，以表示对他们的尊重。新人长辈致贺词时，主要内容应是向新人表达祝福。

新人长辈祝酒词

【主题】婚嫁祝酒
【场合】婚嫁宴会
【人物】新郎、新娘及双方的亲友、来宾
【致辞人】新郎叔叔
【致辞风格】情真意切、欢快热烈

尊敬的来宾，亲朋好友们：

大家好！

前世缘分，今生相聚。今天是两位新人大喜的日子，作为新郎的叔叔，我代表在座的各位亲友向新人表示衷心的祝福，同时也受新郎、新娘的委托，向各位亲友的到来表示热烈的欢迎和衷心的感谢。

我看着侄子长大，脑海里依稀还记得他小时候顽皮的样子，时间过得很快，转眼间他已经长成一个健壮的大小伙子。×××（侄子的名字），今天是你与×××小姐喜结良缘的日子，叔叔由衷地为你们高兴。在这里，我有几句话要送给这对新人。

首先，你们结婚了，要携手创造你们的小家，希望你们能相敬如宾。生活不会是一帆风顺的，既然选择了和相爱的人在一起，就请握紧彼此的手，一路向前，不惧困难。

其次，你们结婚了，意味着你们长大了，你的父母和长辈们老了，他们需要你们的关怀，希望你们能常回家看看。叔叔家的大门随时为你们敞开，欢迎你们回家！

再次，你们结婚了，你们身上的责任更大了，肩上的担子更重了。你们是爸爸妈妈的孩子，也是爸爸妈妈的依靠，希望你们能主动背负这些责任，这是人生的必经阶段，是走向成熟的标志。

最后，让我们共同举杯，祝愿两位新人永结同心、恩爱百年，同时也恭祝各位亲友身体健康、平平安安，干杯！

伴郎、伴娘祝酒词：重情又重义，挡酒我先行

伴郎和伴娘是一个婚礼中重要的人物，伴娘指的是陪伴新娘举行婚礼的女子，也称为女傧相，其作用是保护新娘。相传在西方婚礼中，伴娘和新娘的穿着打扮十分相似，让人难以分辨，这样做的目的是防止恶魔将新娘抓走。

伴郎是指在婚礼中陪伴新郎的男子，是新人的陪伴和代表，负责跟随新郎迎娶新娘，以壮大声势，让新娘家人风光、有面子，又能增加婚礼的喜庆气氛。

伴郎和伴娘的数量由新娘和新郎商量决定，可多可少，但伴郎和伴娘的数量要相等，衣服的主色调要一致。需要特别注意的是，在婚礼上，新郎和新娘才是绝对的主角，虽然伴郎和伴娘的责任之一是营造婚礼现场热闹的气氛，但不要喧宾夺主，抢了新郎和新娘的风头。

【酒礼酒俗】

在婚宴上，新人要向宾客敬酒，出于礼节，宾客也会向新人回敬，如此一来，新人很容易喝高，为避免这一情况的发生，伴郎、伴娘要发挥挡酒的作用。

伴郎、伴娘替新人挡酒是一种礼仪，也是一种责任，既能避免新人出现醉酒失态的不礼貌行为，也显示出对新人的关心，从而增进伴郎、伴娘与新人之间的友谊。

伴郎、伴娘要善于观察，发现苗头不对后，要及时提醒、劝阻新人，或者给他们倒杯水，让他们稍微缓一缓。有时宾客敬新人的态度非常坚决，难以拒绝，而新人无法再继续喝了，此时伴郎、伴娘要及时站出来，替新郎、新娘喝酒。

挡酒要考虑时机，不能在新人已经喝了一半的酒之后，上前夺他们的酒杯，这会让人感到不舒服。

挡酒有技巧，伴郎、伴娘首先要替新人感谢敬酒之人，然后强调自己

与新人之间的友谊，让其他人感受到朋友之间的深厚感情，愿意接受伴郎、伴娘替新人挡酒的行为。伴郎、伴娘说话时，一定要有礼貌，可适当地用幽默、风趣的语言缓解紧张气氛，但是，不要忘记自己的身份，切勿抢了新人的风头，喧宾夺主，这会让场面变得尴尬、难堪。

【祝酒词】

在婚礼现场，伴郎、伴娘是一道亮丽的风景线，他们与新郎、新娘的关系十分要好，多为同学或者朋友关系，所以，伴郎和伴娘通常会向新人送上祝福，致贺词。

伴郎祝酒词

【主题】 婚嫁祝酒
【场合】 婚嫁宴会
【人物】 新郎、新娘及双方的亲友、来宾
【致辞人】 伴郎
【致辞风格】 情真意切、幽默风趣

尊敬的各位来宾，朋友们：

大家好！

我是×××，与新郎相识于小学一年级，我们是二十多年的好兄弟、好朋友，非常荣幸今天能成为×××（新郎的名字）的伴郎，见证他人生中最幸福的时刻，更感谢他给我这个机会，让我站在这个幸福的礼台上致辞。

同窗数载，承载了我们太多美好的回忆，小时候我们一起下河摸鱼抓虾，上树掏鸟窝；上中学时，因没有写完作业，一起被老师罚站于楼道；偶尔取得了好成绩，我们会瞒着父母偷跑出去通宵上网，以示庆祝……

不管是烦恼，还是快乐，我们都会第一时间告诉对方，我也是第一个知道×××（新郎的名字）暗恋×××（新娘的名字）小姐的人。我给大家爆个料，有一次×××（新郎的名字）喝醉了，在睡梦中喊的都是新娘的名字。如今我的好兄弟终于如愿以偿，抱得美人归，我由衷地为他感到高兴。

结婚，是爱一个人最好的承诺，是爱情最好的归宿。作为你们的朋友，我衷心地祝愿你们白头偕老、永结同心。现在，请让我们共同举杯，祝福这对新人，同时也祝福每一位亲友生活幸福甜蜜。

伴娘祝酒词

【主题】婚嫁祝酒

【场合】婚嫁宴会

【人物】新郎、新娘及双方的亲友、来宾

【致辞人】伴娘

【致辞风格】情真意切、幽默诙谐

尊敬的各位来宾，朋友们：

大家好！

春风拂面，杨柳依依，在这明媚的春光里，美丽温柔的×××小姐与高大帅气的×××先生喜结连理，我很高兴能和在座的亲朋好友们共同见证这对新人的美好姻缘。

我是新娘的伴娘，我们是发小，从小一起长大，一起读小学、读中学。读大学时，我去了南方，×××（新娘的名字）去了北方，但我们并没有因为距离让感情变淡。大一的国庆节，我穿着短袖瑟瑟发抖地站在×××大学的校门口，哆哆嗦嗦地打通了×××（新娘的名字）电话，口齿不清地说道："你……快点……给我……抱个大衣……到校门口。"

早在放假前，我就做好了给×××（新娘的名字）一个惊喜的计划，我突然出现在她的大学门口，然后狠狠地抱住她。因为太过激动，我竟然忘记了南北两地的温差近20℃，惊喜是送到了，可我却感冒发烧了，×××（新娘的名字）照顾了我一个星期。就在刚刚，我们还聊到这件糗事。

岁月见证了我们的成长，也见证了我们的友谊。今天，我又有幸见证了×××（新娘的名字）的幸福，我是何其幸运。今天，借一杯美酒向这对新人表达我的祝福，愿你们永结同心，共擎风雨，白头偕老；也祝愿在座的亲朋好友身体健康，工作顺意，干杯！

新人领导祝酒词：贺新婚酒到福到，祝新人幸福美满

结婚是一桩大喜事，喜事一定要热闹、喜庆，当然是参加的人越多越好，那么，要不要邀请领导参加自己的婚礼呢？这取决于下属与领导关系的亲密程度，比如，下属与领导平时工作上多有接触，就可以考虑通知领导。

有的领导在得知下属要结婚的消息后，往往会很高兴地对下属说："等你结婚的时候，可要通知我，我还想讨杯喜酒，沾沾喜气呢！"遇到这种情况，在婚期确定之后，下属要第一时间通知领导，以便领导安排好行程，同时，也可以利用这个机会，进一步拉近彼此之间的关系。

不过，领导参加下属婚礼，一般不会停留太久，露个面，包个红包，礼仪做到后，通常就会以工作忙等理由离开，对于这种情况，新人要给予理解。有的新人会在婚宴之后，再次设宴答谢领导及同事，若有机会一定要向领导敬酒，表达感激之情。

【酒礼酒俗】

婚宴上，新人向领导敬酒是一门学问，选择什么时候敬酒，敬酒时说什么，都是十分讲究的。

宴席开始，新人在发表祝酒词后，先敬大家一杯，大家一起喝过一轮之后，再轮流敬酒。敬酒先从长辈、职务高的人开始，所以，尽量将领导安排坐在靠前的位置，甚至可以是主宾的位置，这样就可以先给领导敬酒，以表示尊重。

在单独敬酒的环节，新人要向领导表达谢意，比如，感谢领导在百忙之中参加自己的婚礼，感谢领导一直以来对自己工作的支持和帮助等，切记不要喝完立即转身走人，可以适当停留一小会儿。

如果宴席上没有新人的家长，只是小夫妻单独邀请领导及同事，那么在吃饭期间，新人要主动引导大家探讨一下工作和家庭生活，不能让话题总围绕小夫妻。记得在婚宴结束后，新人要再次向领导表示感谢。

【祝酒词】

领导参加新人的婚礼，通常都会被认为是贵宾，会代表新人所在单位发表祝酒词，其内容主要围绕着对新人的赞美和美好祝福展开。

郎才女貌，瓜瓞延绵，龙腾凤翔，鸾凤和鸣。

领导祝酒词

【主题】婚嫁祝酒
【场合】婚嫁宴会
【人物】新郎、新娘及双方的亲友、来宾
【致辞人】领导
【致辞风格】庄严又不失诙谐

尊敬的各位来宾，朋友们：

大家好！

今天，我们欢聚一堂，共同见证我们公司的男神×××（新郎的名字）与美丽温柔大方的×××（新娘的名字）小姐的幸福时刻。

×××（新郎的名字）是一位追求上进的好青年，在工作中勤勤恳恳，聪明好学，是单位不可多得的人才，正因为如此，才俘获了×××（新娘的名字）小姐的芳心，同时也说明×××（新娘的名字）小姐慧眼识珠，能在茫茫人海中找到如此优秀的男人为伴，共度一生。你们是天造地设的一对。

在这个美好幸福的日子里，你们手牵着手，走在红毯上，迈入幸福的婚姻殿堂，从此你们将相依相偎，执子之手，与子偕老。我和新郎的同事们由衷地为你们感到高兴！

我代表新郎所在单位向这对新人送上最美的祝福：祝愿你们在工作中互相鼓励，在学习上互帮互助，在事业上并肩前进，在生活中相敬如宾。在困难面前，风雨同舟，携手同行；在婚姻中，多包容，少猜忌，多理解，少抱怨，多沟通，少冷战，多赞美，少指责。

最后，我提议，为了这对佳人白头偕老，永结同心；为了各位亲朋好友阖家幸福，万事如意，干杯！

第四章

升学：金榜题名，美酒相贺

　　金榜题名，人生四大喜事之一。十二年寒窗苦读，一朝登第，不仅学子笑开颜，亲朋好友也欢喜。一场升学宴，亲朋好友来相聚，恭祝学子前程似锦，一路繁花。学子鞠躬致谢，没有亲朋鼓励和相伴，怎有今日之辉煌。

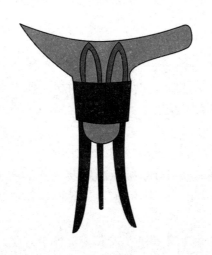

父母、长辈贺词：早早埋下状元红，
祝子女一朝高中

从古至今，望子成龙是每个父母的美好愿望。《三字经》中有这样一句："窦燕山，有义方。教五子，名俱扬。"窦燕山原名窦禹钧，因家住在燕山一带，故人称"窦燕山"。他有五个儿子，分别是仪、俨、侃、偁、僖，这五个儿子都非常有出息，先后及第，这就是成语"五子登科"的由来。

成语"连中三元"，是用于形容古代科举考试中的一种情况，指一个考生接连在乡试、会试、殿试三次考试中均考得第一名，接连考得"解元""会元""状元"。从这些成语中，我们就可以看出父母对孩子金榜题名的热切期盼，故古人将"金榜题名"列为人生四大喜事之一。

因此，孩子一旦高中，家中必然会设宴欢庆，在范进中举的故事中，范进及第后，唱戏、摆酒、请客，一连三日不停歇，现在人们虽然没有古时候那么高调，但还是会在孩子金榜题名后，摆几桌酒席，庆祝一番。

【酒礼酒俗】

在前面的章节中，我们提到过"女儿酒"，代表着父母对女儿的一种美好期盼，那么，生了男孩，父母会酿酒封坛，埋于地下吗？

从前，浙江绍兴人家在生下男孩后，会将一坛雕花酒埋在地下，因酒坛子上面涂上朱红，画上彩绘，称之为"状元红"，寓意男孩长大后，能饱读诗书，有朝一日高中，光耀门楣，光宗耀祖。待孩子高中后，父母就会把埋于地下的酒挖出来，分享给亲朋好友，共享欢乐。由于真正能金榜题名的人凤毛麟角，所以，"状元红"一般都是在男子成婚的时候用来招待宾客。

在我国古代，父母会用多种方式来庆祝孩子升学，举办家宴是最常见的一种，父母邀请亲朋好友来家中欢聚，将孩子高中的消息告诉大家。有的父母还会带上孩子，前往祖先的祠堂，祭拜祖先，向祖先汇报孩子的成绩，并祈求祖先的保佑，期待孩子取得更大的成就。可见，古代对孩子学习的重视程度一点都不输现代。

【祝酒词】

孩子在高考中取得了佳绩，父母多年望子成龙、望女成凤的梦想终于实现，内心的激动心情无以言表，长辈们得知喜讯，也会前来祝贺，一家人喜气洋洋，举办一次小型的家庭升学宴，将亲朋好友邀请过来，欢聚一堂，是一件幸福又甜蜜的事情。在这样的场合，父母和长辈除了祝福孩子外，还应该给孩子一些鼓励和期望。

高考庆功宴祝酒词

【主题】庆功祝酒
【场合】庆功宴会
【人物】考生及父母、亲朋好友
【致辞人】小姨
【致辞风格】喜庆洋洋，朴实真挚

亲友们：

大家好！

在这个骄阳似火的七月，我接到了外甥的报喜电话，他被×××大学信息学专业录取。这是他心仪已久的一所大学，如今终于如愿以偿，我替他感到骄傲和自豪。或许大家有所不知，十多年前，我就是从这所大学毕业的，也就是说我和外甥成了校友，现在我以校友的身份，想对外甥说："×××大学欢迎你，你的选择不会错！"

作为校友兼小姨，我想嘱咐外甥几句话。

第一，你马上就要步入大学生活，大学与中学有很大的不同，大学是一所小型社会，你不仅要努力学习，搞好专业知识，还要学会在社会中生存的各种技能，比如，自理能力、为人处世的能力等。或许在进入大学之初，你会有些许的不适应，但请你相信自己，调整好状态，接受新的挑战，你一定可以！无论你有什么困难，随时都可以给我打电话，我很愿意帮助你，当然，你也要多与父母、长辈联系，他们丰富的生活阅历会给你提出宝贵的建议，让你受益匪浅。

第二，考上大学，并不意味着你就可以不用那么努力地学习。大学是你以后人生中仅有的可以拥有大把时光来学习的机会，你一定要尽可能地多学习知识，并做好职业规划，这对你将来的就业会大有好处。

　　好了，我就唠叨这么多，现在让我们尽情畅饮，一起共享这美好时光吧，谢谢大家！

校长、老师贺词：古有"科举四宴"，今有升学宴

　　金榜题名是每个学子的追求。每年的七八月份，都是那些在高考中取得优异成绩的学子们最忙碌的时候，他们不仅要忙着填报高考志愿，还要忙着办升学宴。因为亲朋好友得知喜讯后，会纷纷前来祝贺，送上礼物和祝福，考生的父母为了答谢亲友、老师，通常会举办升学宴，分享他们的喜悦。

　　举办升学宴，只是庆祝金榜题名的一种方式，那么，你知道古人会怎么庆祝高中吗？在古代的科举制中有文武两科，于是，就有了文状元和武状元的说法。通常科举成绩分为三等：一甲只取三名，分别是状元、榜眼、探花，称为"三鼎甲"，赐予"进士及第"；二甲会根据官场的需求选取一定的名额，赐予"进士出身"；三甲也会根据需求取若干名，赐予"同进士出身"。

　　金榜题名后，古人的庆祝活动比现在丰富多彩，比如，古代殿试结束后，新科进士会披红挂彩，骑着高头大马游街，街道两旁围满了看热闹的百姓，锣鼓声声，热闹非凡。"春风得意马蹄疾，一日看尽长安花"，这是唐代诗人孟郊在46岁考中进士后，兴奋至极的佳作。

　　自唐朝开始，新科进士又多了一项福利——雁塔题名，据说最早在雁塔题名的人，是一名叫张莒的人，他在中了进士之后，兴致勃勃地游览了慈恩寺，一时兴起，遂在大雁塔上写下了自己的名字，后来人们纷纷仿效他，一直到清朝，新科进士都以在雁塔留名为傲。

【酒礼酒俗】

　　与古代烦琐的庆祝高中的方式相比，现代人就简单多了，一般举办升学宴即可。同样是举办升学宴，古代却有"科举四宴"之说，分别指的是鹿鸣宴、琼林宴、鹰扬宴、会武宴，前两者为文科宴，后两者为武科宴。

1. 鹿鸣宴

鹿鸣宴源于唐朝，乡试结束后，当地的官员连同乡绅、名流等人，为高中的举人举行一场宴会。宴会办得非常热闹，杀猪宰羊，丝竹管弦乐器悠扬动听，众人会一起吟唱《鹿鸣》这首诗，故得名鹿鸣宴。

不过，也有人认为鹿鸣宴的得名与明朝皇帝以"鹿"为主脯宴请科举学子有关。鹿被古人认为是仙兽，寓意为难得的人才。皇帝为天子，"鸣"为天赐，所以，把皇帝宴请才子的宴会称之为鹿鸣宴。

还有一种说法认为，鹿与"禄"谐音，考取功名后，意味着俸禄的开启，但古人比较含蓄，不愿把财富挂在嘴边，故起名为鹿鸣宴。

鹿鸣宴既是庆祝，也是勉励，因为乡试举人还要参加会试和殿试，希望他们能继续高中。唐宋八大家之一的曾巩，曾一家六口先后中举，为表达对老师欧阳修的感谢，特此设宴答谢恩师和同期考试中中举的人，所以，鹿鸣宴除了有升学宴的意义外，也常被看作是谢师宴。

2. 琼林宴

琼林宴出现的时间比鹿鸣宴晚很多，始于宋朝，但相比于鹿鸣宴，琼林宴的级别较高，堪称国宴。宋太祖赵匡胤规定，在殿试后由皇帝宣布登科进士的名次，并赐宴庆贺，因宴会在皇家园林琼林苑而得名"琼林宴"。到了元明清时期，又改名为"恩荣宴"，寓意为皇帝的恩宠与荣耀。

3. 鹰扬宴

因为我国古代的很多朝代都有重文轻武的倾向，所以相比于文科宴，武科宴的规模就逊色了不少，有时甚至不举办。鹰扬宴是在武科乡试放榜后，考官和考中武举者共同参加的宴会，席间大家也会比武助兴。

4. 会武宴

相比鹰扬宴，会武宴的级别要高，因此规模更大，更气派，它是武科殿试发榜以后举行的宴会，举办地点在兵部，宴会上中举的人会被赏赐盔甲、腰刀等。

从古至今，寒窗苦读都是为了金榜题名的那一天，但因时代不同，高中的意义也有所差异。古代，学子高中意味着从此将走上仕途，开启为官之路，人生的命运就此改写。但现在社会，学子考入大学，意味着人生进入了一个新的阶段，并不意味着将来一定会飞黄腾达，以后的人生还需要不断拼搏进取，才能不断地成长，才能拥有更好的生存与发展空间。

【祝酒词】

每年的七八月份，不仅是毕业班学生的收获季节，也是学校、老师的收获季节，为了庆祝考生考得好成绩，也为了向老师们表达感谢，学校通常会举办庆功宴，校长和老师代表致祝酒词，总结过去，展望未来，预祝再创辉煌。

愿你用智慧描绘生命的蓝图，用勤奋书写人生的灿烂，祝福你的人生从此与众不同。

高考庆功宴祝酒词

【主题】庆功祝酒
【场合】庆功宴会
【人物】高三毕业生、校领导、教师
【致辞人】校领导代表
【致辞风格】激情四射、热情奔放

尊敬的老师们，亲爱的同学们：

大家好！

硕果累累收获季，喜讯连连续新篇。今天，我们隆重举行××××级高考庆功宴。同学们，你们在×××学校度过了紧张忙碌的三年时光，用辛勤的汗水浇灌出了成功的花朵，使我校今年的高考成绩再创佳绩，为学校赢得了良好的声誉。你们是学校的骄傲，我们为你们鼓掌喝彩。同时也感谢为同学们取得优异成绩默默付出的老师们，学校因为有这样优秀的教师而感到自豪，我代表学校的领导班子，真诚地向老师们道一声："辛苦了！谢谢你们！"

同学们，你们即将离开熟悉的高中校园，前往心仪的大学，继续就读，在这里我想对你们说几句话。

第一，高考只是人生的一种经历，并不是终点。或许你的高考成绩不尽如人意，但只要你没有虚度光阴，你就对得起自己，你就不必内疚，不必遗憾。人生因为有了遗憾，才会有上进的动力，未来的路上，只要你足够努力，相信成功早晚会属于你。又或许命运会给你特殊的安排，故意在考验你。总之，请不要气馁，希望或许就在下一个拐角。

第二，同学们，无数个白天与黑夜的拼搏，多少次快乐与痛苦的交织，才结出了今日之硕果，寒窗苦读磨炼了你们坚忍的意志，砥砺了你们优秀的品质，丰盈了你们的青春。你们未来的路还很长，不要因为暂时取得了胜利，就停止了前进，希望你们继续发扬拼搏精神，设定更高的目标，取得更大的进步！

现在，让我们共同举杯，祝同学们前程似锦，一路繁花；祝老师们身体健康，工作顺利，干杯！

高考庆功宴祝酒词

【主题】庆功祝酒

【场合】庆功宴会

【人物】高三毕业生、校领导、教师

【致辞人】教师代表

【致辞风格】感情真挚，语言朴实

尊敬的领导们，可爱的孩子们：

大家好！

七月的风，吹来了夏日雨后的阵阵清凉；夏日的花，散发着迷人的芬芳。此时此刻，我站在台上，我的内心激动万分，你们不负众望，续写了我校高考的传奇，一张张沉甸甸的录取通知书，凝聚着你们十二年寒窗苦读的艰辛，凝聚着父母殷切的期盼，凝聚着老师们的厚望。孩子们，我为你们骄傲，我为你们自豪！

同时我又有些许的失落，因为你们即将离开高中校园，走入大学生活。虽然以后我们不能再朝夕相处，但是我们可以常联系，希望你们以后有时间回母校看一看，因为这里曾记录下你们拼搏的青春。

青春须早为，岂能长少年？青春年华是人的一生中最为美好的一段时光，这段时光是最为宝贵的，希望你们好好地去珍惜，不断磨砺自己，不断充实自己，不断提升自己，用顽强的毅力，扎实的学问，强健的体魄去实现自己的远大目标，以此来报答社会，报答父母，报答老师。我衷心地期待你们大鹏一日同风起，扶摇直上九万里！

现在，请大家斟满酒，把酒杯高高举起，祝你们前程似锦，归来仍是少年，干杯！

同学、朋友贺词：恰似曲江闻喜宴，
绿衣半醉戴宫花

　　高考结束，不仅意味着学子们即将开启大学生活，也意味着和朝夕相处三年的同学、朋友要依依惜别，举办一场宴会，和昔日的同学、朋友好好告个别，记录一下青葱岁月，也是当下不少年轻人热衷的事情。

　　其实，考试结束后，庆祝一番，这是自古就有的习俗。宋代诗人杨万里有诗云：恰似曲江闻喜宴，绿衣半醉戴宫花。诗句提到的"闻喜宴"，又名曲江宴。唐朝新科进士正式放榜后会举行庆祝宴会，正式放榜的日子正好在上巳之前，而上巳是唐朝的重要节日之一，皇帝会亲自参加游宴，宴会设在曲江亭，故得名曲江宴，考中的进士也可以借此机会，一边欣赏美景，一边品尝美味佳肴。

　　唐代还流行一种宴会叫"关宴"，它与闻喜宴不同，是新科进士在京城举行的最后一次大规模的聚会，费用由考中的进士承担，宴会结束后大家各奔东西，这与现在学子们专门为同学和朋友举办的升学宴很相似。

　　此外，在唐代长安曾经十分流行一种特殊的宴会——烧尾宴，该宴会主要是为了庆贺登第或荣升，招待前来恭贺的亲朋同僚。关于"烧尾宴"名字的由来，主要有三种说法。

　　一说是兽可以变成人，但尾巴不能变没，所以只好烧掉尾巴；二说是鲤鱼跃龙门，一定要用天火把尾巴烧掉了，才能变成龙；三说是新羊第一次进入羊群，只有烧掉尾巴，才能被羊群接受。其实不管哪种说法，都有升迁更新之意。

【酒礼酒俗】

　　同学、朋友金榜题名，是大喜之事，参加他们的升学宴，心情一定很激动，人逢喜事精神爽，千杯万盏也不多，不知不觉就容易喝醉了。中国人喝酒讲礼仪，更讲酒德，若酒后胡言乱语，做出不端行为，会被人耻笑。

　　春秋时期，有一次晋平公与群臣一起喝酒，因心情舒畅，不知不觉就多喝了几杯，说话就有失分寸了，他说道："没有什么比做君主更快乐的事情了，我说的话谁也不敢违抗。"

这句话被目盲的乐师师旷听到了，他拿起琴就往晋平公身上砸去，晋平公连忙阻止，并问道："你为什么砸我啊？"师旷回答说："刚才我听到有小人因为喝多了酒，在这里胡言乱语，所以我要去砸他。"晋平公说："刚才说话的人是我。"师旷叹了一口气，说道："您是一国国君，怎么能说出这样的话呢？"

左右的人听到师旷的话，认为师旷太狂妄，竟敢指责晋平公，便请求晋平公杀了师旷，但晋平公觉得自己刚才的行为确实没有酒德，就没有责罚师旷。

其实，早在周朝时期，周公就提出了饮酒要有所限制的主张，甚至还专门设置了一种叫作"萍氏"的官职，用来监督人们的饮酒行为。另外，古人也反对在夜间饮酒，若有执迷不悟者，会被规劝。

古人尚且崇尚酒德，今人更应该有节制地饮酒，做一个文明的饮酒人，做好中国酒文化的传承与发展。

【祝酒词】

和同学、朋友们在一起举行升学宴，比和长辈们在一起，更自由一些，不受拘束，其祝酒词多风趣幽默，除了表示祝福外，还可以一起回忆曾经的快乐时光，展望对未来的美好憧憬。

高考庆功宴祝酒词

【主题】庆功祝酒
【场合】庆功宴会
【人物】同学、朋友
【致辞人】同学代表
【致辞风格】热情奔放、风趣幽默

亲爱的同学们，朋友们：

大家好！

潮平两岸阔，风正一帆悬。今日我的同学×××风光无限，因为他已经成功被×××大学录取，这是他梦寐以求的大学，他终于实现了自己的梦想。

×××，我们同窗三载，我一直都很佩服你的毅力。你是一个聪明又勤奋的学生，每次老师讲完课，你永远是第一个追着老师问问题的人，你似乎有问不完的问题，学不完的知识，起初我以为你脑瓜笨，听不懂老师上课讲的内容。直到你每次考试都是毫无悬念的第一名，我才知道是自己肤浅了。

或许不了解你的人，会惊叹你取得的成绩，但我知道你所有的成绩都是用辛勤的汗水换来的，一分耕耘一分收获。人的一生就像四季，春生夏长秋收冬藏，×××，趁着青春年少，努力撒播幸福的种子吧，大学是新的生活，是新的起点，我衷心地祝愿你在大学里学到新知识，结交新朋友，祝你在新的征程中扬帆起航，让梦想高飞！

最后，让我们共同举杯，再次祝贺×××金榜题名，鹏程万里！

金榜题名，旗开得胜，喜气盈门，光耀门楣。

高考庆功宴祝酒词

【**主题**】庆功祝酒
【**场合**】庆功宴会
【**人物**】同学、朋友
【**致辞人**】朋友代表
【**致辞风格**】热情奔放、风趣幽默

亲爱的朋友们：

大家好！

初秋时节，凉风送爽。在这个收获成功的季节，我们怀着激动的心情，欢聚一堂，共同庆祝我的好朋友×××金榜题名。

　　我与×××相识十余年，我们是最好的朋友，最好的哥们。虽然我因中考失利，未能同×××一起走入理想的高中校园，但×××一直鼓励我，支持我，经常对我说："我们还年轻，一次失败不要紧，只要坚持梦想，就一定能实现。"好朋友就像一盏明灯，照亮我前行的路途，让我不再感到孤独和迷茫。谢谢你，×××!

　　作为你的好朋友，当得知你的喜讯时，我由衷地为你感到高兴，但同时我也在默默地告诉自己，一定要努力。×××，你要加油啊，我就在你身后，我会一直追赶你的，让我们四年后再见分晓吧。

　　自强不息怀壮志以长行，厚德载物携梦想而抚凌。大学的校门已经为你敞开，大学是新的开始，愿你在大学里播下希望，收获梦想，拥有一个精彩的大学生活。

　　来，让我们共同举杯，再次祝贺我的好朋友×××，也为我们的青春喝彩，干杯!

第五章

聚会：劝君更尽一杯酒，尽享美好时光

绿蚁新醅酒，红泥小火炉。晚来天欲雪，能饮一杯无？酒是感情的催化剂，酒在杯中，情在心中。不论是同学、朋友相聚，还是战友、师生相聚，或是客户、同事相聚，举起酒杯相互祝愿，总是千言万语难以述尽。

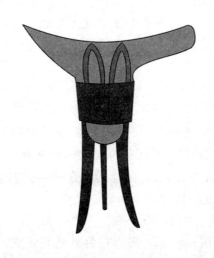

同学聚会：浓浓同学情，胜过陈年酒

校园时光是一种美好的回忆，为了纪念那段青春岁月，很多人会在离开校园后，重新回到校园，参加同学聚会，联络同学感情。那么，古人是不是也有同学聚会呢？

可以肯定的是古人也有同学聚会，称之为"同年会"，参加该会的人都是同一年参加科考的考生，和我们现在所说的同届类似。古人参加同年会，可以积累人脉，丰富社会资源，为将来步入仕途做准备，因为在古代除了科举，推荐也是任官的途径之一。

古人不仅会开同年会，还有同学录，比如，在明朝的时候，乡试或者廷试结束后，考生们会聚在一起，欢庆一番，并把考生的姓名、年龄、籍贯等信息，编成一个小册子，俗称"同年录"，方便日后联系。

除了同年会，还有一种文士饮酒赋诗或切磋学问的聚会，称之为文会。比如，解元文会，该文会一般是由各科乡试的解元举办，在文会上大家以诗会友，文会结束后，还会把文会上的诗文编纂成册。

又如丽泽会，该文会和现在的文学社团类似，其组织者一般为国子监的在职人员，他们还会到各个地方进行讲学。这是一种以考取进士为目标的文会。

【酒礼酒俗】

多年不见的同窗好友再次相见，让我们又回忆起了那段在一起共同学习、共同生活的美好日子。酒桌上的气氛热烈非凡，仿佛被点燃的篝火，充满了激情与活力，在酒桌上，不少同学在敬酒的时候都会说："我先干为敬。"但是，古人敬酒有"后干为敬"之说。

据《礼记》记载："长者举未醮，少者不敢饮。"这句话的意思是说，晚辈向长辈敬酒时，要站起来，先进行拜礼或者致祝酒词，碰杯之后，要微微侧转一下身体，以表示不敢与长辈分庭抗礼，然后才能端起酒杯饮酒，但不能一饮而尽，只要长辈酒杯中的酒没有喝完，晚辈酒不能先于长辈喝完。这就叫"后干为敬"。

那为什么我们现在都改说"先干为敬"了呢？这就要从春秋战国时期说起，当时各国之间明争暗斗，各国的谋士交往频繁，常常在酒桌上推杯换盏，商议大事。在宴请的时候，宾客总担心主人会在酒中下毒，主人为了让宾客放心，就会先喝酒，以此来证明酒中没有毒。后来，这一习俗就被传承了下来，在江南一些地区，风流的才子与佳人饮酒时，才子也会"先干为敬"，一来表示对佳人的尊敬，二来为讨佳人的欢心。

由此可见，"后干为敬"是用于长幼、尊卑之间，"先干为敬"是用于主宾之间。

【祝酒词】

人这辈子，有一份真挚的感情让人无法忘怀，那就是同学情。同学一场，同窗数载，一朝分别，有多少不舍与依恋，多年后，同学重新相聚，再续同学情，在这样的场合，心情一定非常激动，致祝酒词时内容多是围绕感念同学情而展开。

寒窗旧友聚一方，嘘寒问暖论沧桑。

同学聚会祝酒词

【主题】聚会祝酒
【场合】聚会宴会
【人物】同学
【致辞人】同学代表
【致辞风格】热情奔放、富有激情

亲爱的同学们：

大家好！

光阴似箭，岁月如梭！一转眼，我们大学毕业十年了，今天我们兑现了毕业时定下的十年相约的承诺，感谢发起并组织这次聚会的班干部，谢谢你们，让我们重拾青葱的岁月，重温了同窗四载的美好回忆！

此时此刻，我的心情非常激动，没想到这次十年之约，班上百分之八十的同学都到场了。在我们这个年龄，工作非常繁忙，家里的孩子尚小，老人已经年迈，但是为了这次聚会，大家还是想方设法地赶了过来，说明大家都十分怀念往昔的岁月，同学感情深厚。

岁月是把杀猪刀，在我们的脸上留下了些许的痕迹，但青春时的模样依稀可见，笑容依然灿烂，再次相见，都能第一时间叫出彼此的名字，可见，我们心里都在相互思念，因为念念不忘，才会铭记于心。

时光可以带走青春韶华，却带不走我们深厚的同学情，相知无远近，万里尚为邻。不管我们相距多远，有着怎样的人生经历，但请大家记住：我们永远是同学！

同学情是一张靓丽的青春照，即使两鬓斑白，步履蹒跚，我们都会想念彼此，友情不减当年！

现在，让我们共同举杯，为了大学时代的情谊，为了十年的思念，为了下一个十年的相约，干杯！

同学聚会祝酒词

【主题】聚会祝酒
【场合】聚会宴会
【人物】同学
【致辞人】班委代表
【致辞风格】热情奔放、风趣幽默

亲爱的同学们：

大家好！

斗转星移，岁月如歌。当年××届××班的58名风华正茂的同学，一转眼已经整整二十年未见了。半年前，我与几个同学私下联系，发现大家都十分怀念高中时代，建议我组织一次同学聚会。作为高中时代的老班长，我很愿意促成这件事，不过，我的内心十分忐忑，高中毕业二十年了，我们都已近不惑之年，正处于事业和家庭发展的关键期，大家会有时间来参加这次聚会吗？

然而，今天热闹的场面，让我觉得自己太肤浅了，看着大家一张张面如桃花般的笑脸，我发现自己眼角的皱纹都舒展开了，原来同学聚会才是最好的养颜佳品，胜过任何化妆品。早知道如此，我就应该每年组织大家聚一次，这样我们应该还是意气风发的十八岁！

人生能有多少个二十年，人生能有多少感情能像同学情这般真诚、纯洁？此时虽已深秋，但我们的心里温暖如春，愿我们的友谊如春天一样充满生机和活力，愿我们的友谊如月之恒、如日之升、地久天长！

现在，让我们举起手中的酒杯，为我们一生一世的情谊干杯！

同学聚会太不易，踊跃发言莫客气；
打开心扉谈经历，回忆友情更惬意。

师生聚会：师生情谊长，酒不醉人人自醉

韩愈《师说》言称："师者，所以传道受业解惑也。"老师在教给我们文化知识的同时，也会教给我们为人处世的道理，在朝夕相处的过程中，我们与老师建立了深厚的感情。

一日为师，终身为父。即使离开学校，步入社会，还时常会想起老师的谆谆教诲，感念师恩。师生聚会实现了师生重逢相聚的愿望，可以让我们重温校园的青春岁月，叙说别离后的思念之情，分享人生的酸甜苦辣，通过交流沟通，增进师生之间的情谊。

【酒礼酒俗】

毕业后，我们各奔东西，为学业、为家庭、为事业忙碌，与老师重聚的机会不多，可能十年，甚至二十年才能重聚一次。多年不见，再次见到老师，一定分外亲切，把酒言欢是必然少不了的，但一定要注意自己的言行，老师是我们的长辈，千万不能因为贪杯，做出酒后失德，甚至对老师大不敬的事情。

古人有云：酒之初，礼之用。酒最初就是作为一种礼仪出现的，所以，古人饮酒非常注重酒礼，仅饮酒这个动作行为，就要分为四步——拜、祭、啐、卒爵。

拜，是酒礼的第一步，指的是做出敬拜的动作，用来表示对他人的尊敬；敬拜之后，古人并不会立即端起酒杯，一饮而尽，而是会把酒杯中少量的酒洒在地上，称为"祭"，古人认为大地是人类的衣食父母，用美酒敬大地，是对大地生养之恩的感激；之后，古人才端起酒杯，轻轻地品尝一小口，对美酒进行赞美一番，这既是对提供酒水的主人的尊重，又能让主人心情愉快，这就是第三步"啐"；最后才举杯一饮而尽，这一步称为"卒爵"，到此酒礼才算完成。

现在人们饮酒虽然不像古人那样有那么多的礼节，但是饮酒不过量的基本要求还是要做到的，依古人的说法，饮酒之人要遵循"三爵即止"。

《礼记·玉藻》中有云："君子之饮酒也，受一爵而色洒如也，二爵而言言斯，礼已三爵而油油以退。"这句话的意思是说，正人君子饮酒不要超过三杯，喝过三杯后，就要放下杯子，主动退出酒宴。这是告诉我们饮酒要做到适可而止。

【祝酒词】

岁月如流水，师生情谊长。多年不见的同学、和蔼的老师，在我们的记忆里是否还清晰呢？一场师生聚会，会让多年前的美好记忆涌上心头。在师生重逢的时刻，来诉说对同学的思念和对老师的感恩吧。

二十年弹指一挥间，金秋重聚叙情意。

师生聚会祝酒词

【主题】聚会祝酒
【场合】聚会宴会
【人物】高中时的老师、同学
【致辞人】同学代表
【致辞风格】感情真挚、富有激情

敬爱的老师，亲爱的同学们：

大家好！

二十年前，我们怀着梦想和对大学的憧憬，迈着坚定的步伐，走进×××中学×××班级，开启了三年的刻苦学习。我们生活在一个温暖的大家庭里，班主任刘老师就是我们的家长，她爱每一个孩子，生怕她的孩子因为贪玩荒废了学业，她给我们讲学习的重要性，给我们制订学习计划，帮助我们树立学习目标。对于我们的学习、生活，她比父母还要关心。

记得有一次，我因为感冒昏昏欲睡，在上课的时候趴在桌子上睡着了，刘老师发现后，将我叫醒，当时我紧张极了，因为她非常严厉，对上课不认真听讲一向是零容忍。可当刘老师发现我的异常后，她并没有批评我，而是把她的手放在我的额头处，喃喃地说了一句："好像发烧了。"

之后，刘老师带我去了医务室，帮我买了药，又送我回了宿舍，让我好好休息。中午刘老师打好饭菜，亲自送到我的宿舍。晚上我烧退了，她把我叫到办公室，为我补习当天落下的课程，直到深夜。

这就是我们亲切又严厉的刘老师，×××班的60名同学很幸运，遇到了这么一位慈母般的恩师。在她的谆谆教诲下，×××班同学们很争气，高考成绩创造了×××中学的历史，至今仍未被超越。谢谢您，刘老师，今天您的学生们遍布各行各业，他们成了行业里的精英，成了国家的栋梁，您是最大的功臣，请允许我代表×××班的60名同学，为您深深地鞠上一躬。

时光荏苒，岁月如梭，二十个春秋过去了，如今，我们还能和老师在一起，重温那段拼搏的岁月，畅叙无尽的师生之情，这是多么令人激动的事情啊！

来，让我们举杯，祝福刘老师身体健康，家庭幸福；祝福×××班的同学们事业更上一层楼，干杯！

师生聚会叙旧情，同窗好友情更浓，欢声笑语乐陶陶。

师生聚会祝酒词

【主题】聚会祝酒

【场合】聚会宴会

【人物】大学时的老师、同学

【致辞人】老师代表

【致辞风格】感情真挚、富有激情

亲爱的同学们：

大家好！

时间如白驹过隙，一转眼，十五年过去了，我们曾经一起度过了很多难忘的时光。一个星期前，我接到了班长×××的电话，邀请我参加这次的师生聚会，我非常激动，因为我的孩子们回来看我了，我老想你们了。我与很多同学自从毕业就再也没有见过面。大家来自全国各地，我没想到今天能来这么多人，我姑且认为你们是想我了吧。

回望过去，我们在一起探索未知，追求梦想，分享喜悦，共克难关，那些用努力、拼搏串起来的日子，让我们永生难忘，我们也在这个过程中，建立起了深厚的师生情。

　　今天，我看着你们一张张熟悉的脸，听着你们在工作中取得的成绩，我由衷地为你们感到高兴，你们的成长和进步是我最大的骄傲，感谢你们，让我深深地体会到了当一名老师的快乐与成就感。

　　孩子们，人生是一个不断探索的过程，我希望你们冲破束缚，勇敢前行，成就更好的自己，我期盼你们的佳音。

　　人生难得的是欢聚，希望我们能珍惜今天的相聚，牢记彼此的情谊，希望在未来的日子里我们常联系。现在，让我们共同举杯，为今天的美好时光干杯！祝愿我们的情谊长长久久，祝愿我们的未来更加美好！

家庭聚会：亲情似酒，愈久弥醇

每到周末，一些家庭会举行一个小型的聚会，父母带着孩子去爷爷奶奶家或者姥姥姥爷家，一家人围坐在桌前，享受大家庭的温暖与快乐。

平时大家因为工作或者学习等原因，不能经常见面，家庭聚会可以让大家暂时放下紧张的工作和忙碌的生活，好好陪伴家人，大家一起聊天、娱乐，既放松了身心，又缓解了压力。

俗话说，亲戚越走越亲。从血缘角度来说本是一家人，但因为不经常联络，不经常见面，使得彼此的感情变淡。经常参加家庭聚会，在一起交流彼此的生活、学习等，可以增进彼此的了解，增强家人之间的亲密度。

【酒礼酒俗】

参加家庭聚会，和亲人在一起，心情会很放松，但是不能因为彼此之间的关系好，酒桌上的礼仪就可以变得随意。

我们经常在家庭聚会中看到这样的一幕：有的人为图方便，隔着其他人就给别人倒酒，这是不礼貌的。正确的做法是，一定要走到对方身边再倒酒，虽说酒要满杯，但不能让酒溢出杯外。倒完酒之后，要将酒瓶提高一些，再轻轻旋转酒瓶，以免酒水洒出来弄脏别人的衣服。

在别人为你倒酒时，你不能无动于衷，或者将酒杯往旁边一推，自顾自地和别人聊天。正确的做法是，端起酒杯，身体微微向前弯曲，以表示对对方的尊重，并向对方表示感谢。

现在人们为了图方便，有时会把家庭聚会的地点设置在酒店，如果你不是这次家庭聚会的组织者，或者不打算买单，在选位置时，不应选在正对门的位子，因为在酒桌上有一个不成文的规矩——不买单的人不要坐在对门的位子，否则就会被认为越俎代庖，有失分寸。

【祝酒词】

虽然现代社会生活节奏快，工作压力大，生活忙碌，但是家庭聚会还是要定期举办的，因为亲戚越走越亲，情谊越聚越浓，家庭聚会可以放松身心，表达对亲人的情感。

一杯敬长辈，全场举杯一起陪。二杯贺后生，前程似锦事业飞。

家庭聚会祝酒词

【主题】聚会祝酒
【场合】家庭宴会
【人物】家中亲人
【致辞人】晚辈代表

【致辞风格】言简意赅，轻松幽默

家人们：

大家好！

从月初盼月末，终于盼来了每月一聚的美好时光。现在是隆冬季节，外面西北风呼呼地刮，可屋子里的人个个喜气洋洋，为什么呢？因为有热饭，有好酒，最重要的是有亲人的陪伴。

咱爸咱妈年岁大了，他们就盼着见见儿女、见见孩子们，自从我和大哥约定每月月末回家举行一个小型家庭聚会，可把老两口乐坏了。我刚听说，爸妈从昨天就开始买菜，准备"满汉全席"了。

大家平时都在忙工作，忙事业，见面的机会不多，现在我们每月回家聚一次，不仅能陪陪老爸老妈，兄弟姐妹也可以坐下来聊一聊，还可以让孩子们好好地玩一玩。自从有了这个聚会，我觉得日子过得很有盼头，就和读书时盼望放假是一样的心情。

咱们都是亲人，漂亮的话不多说，一起举杯祝福老爸老妈健康长寿，祝咱们万事如意，干杯！

老乡聚会：甜甜美酒香，浓浓故乡情

老乡聚会，顾名思义，就是来自同一个地方的人，为了联络感情，加强交流，彼此照顾而组织的聚会。一方水土养育一方人，每个地方都有自己独特的文化、风俗习惯。独在异乡为异客，有了老乡聚会，能让我们在异地找到家乡的感觉，缓解思乡之情。

老乡聚会可以拓展人脉，老乡会里有社会各阶层的人，如果是老板，可能会找到需要的合作伙伴；如果是求职者，说不定能找到适合的工作。

老乡聚会并非现在才有，在古代就有一些类似老乡会的组织，称之为会馆。中国明清时期在京城中由同乡或者同业组成的会馆较多，其创建的最初目的是为在京城的官员聚会所用，在这里住宿的人都是老乡。迄今所知，我国最早的会馆是创建于永乐年间的北京芜湖会馆。

【酒礼酒俗】

俗话说：老乡见老乡，喝酒要喝光；老乡见老乡，喝酒要喝双；老乡见老乡，敬酒要敬双。身在异乡，能见到家乡人，肯定是分外亲，把酒言欢，以碰杯的方式来表达内心激动的情感。

那么，人们在喝酒之前，为什么要先碰杯呢？而且碰杯的行为，并非中国独有，而是一种世界各地通用的传统习俗。由于各地的文化背景不同，碰杯的由来也千差万别。

据说我国古代，人们通过碰杯这个行为，使酒洒出来一些，溅到对方的酒杯中，以此来证明酒没有毒。

在当下的社交场合，碰杯的意义就更多了。当人们举起酒杯碰杯时，表达出了对他人的尊重与友好，向别人展示了自己的诚意和态度，加强了彼此的信任。碰杯还有利于增进团结，比如，公司进行团建时，老板经常会举起酒杯，鼓励大家一起加油，通过碰杯可以拉近彼此的心理距离，使团队团结一致，共渡难关。

此外，碰杯也是祝福和庆贺的象征，比如，孩子考上了名牌大学，一家人举杯向孩子表示祝贺。

那么，国外碰杯行为的起源是什么呢？有一种说法认为碰杯行为来自古罗马，古罗马人喜欢"角力"竞技，选手们在比赛开始前都会对饮，以此来相互勉励，为了防止心术不正的人在酒杯中下毒，选手们在喝酒时，就会碰杯，这样就能使自己的酒洒出来一部分到对方的酒杯中，以此来确保比赛的公平公正。

【祝酒词】

家乡是一个人出生、长大的地方，是漂泊在外的人永远牵挂的地方，老乡聚会为身在异乡的人们提供了一个温暖的港湾。作为老乡聚会的组织者，在致祝酒词时，主要围绕组织老乡聚会的初衷，以及对老乡的美好祝愿展开；而作为参与者，在致祝酒词时，应对组织者表示感谢，同时谈一谈参加老乡会的感受等。

老乡见老乡，喝酒要喝光。老乡见老乡，喝酒要喝双。

老乡聚会祝酒词

【主题】聚会祝酒
【场合】聚会宴会
【人物】老乡们
【致辞人】组织者代表
【致辞风格】轻松幽默

各位老乡：

大家好！

老乡见老乡，一句亲切的问候，又让我听到了熟悉的乡音，让人倍感温暖。平时大家在工作中都讲普通话，今天我们终于可以痛痛快快地讲家乡话。世界上最美的语言就是家乡话，听到家乡话，就仿佛回到了家乡，这种感觉真是太美妙了。

作为此次老乡聚会的组织者，我对大家的到来表示热烈的欢迎和由衷的感谢。为组织此次聚会，我忙碌了十多天，当然，这次聚会如此成功，不是我一个人的功劳，不少老乡给予了支持和帮助。

我为什么要组织老乡聚会呢？其目的就是让大家互相认识，加强感情交流，抱团取暖，让我们即使身在异乡，也不会感到孤独和寂寞。在遇到委屈的时候，能找到可以倾听的人；在遇到困难的时候，有人愿意伸一把手。如果能有情人终成眷属，那更是喜上加喜的大好事，也让我有幸体验一把当月老的快乐。

有缘千里来相会，全国有那么多的地方，但我们却都选择生活在了这个城市，这就是缘分，所以，一定要珍惜缘分，珍惜老乡间弥足珍贵的情谊。来，让我们共同举杯，祝愿我们的友谊天长地久；祝愿老乡们身体健康，家庭幸福美满，干杯！

老乡聚会祝酒词

【主题】聚会祝酒
【场合】聚会宴会
【人物】老乡们
【致辞人】老乡代表
【致辞风格】语言朴实、感情真挚

各位老乡：

大家好！

一方水土孕育一方儿女，故乡的水甜，家乡的人亲。今天，我在这里见到这么多同乡，心情非常激动，这注定是一个令人愉快与难忘的日子。我想感谢这次老乡聚会的组织者，感谢你们辛勤付出，才能让这么多老乡有机会相识。

我是一个不善言辞的人，千言万语尽在酒杯中，所以，我提议举三杯酒。

第一杯是缘分的酒，我们来自同一个地方，又在异乡相遇，我们感受到了家乡的温暖、亲人的关怀，所以，缘分的酒一定要喝。来，干杯！

第二杯是期望的酒，我们生活在同一个城市，今后我们要常联系，常交流，常相聚，互相帮助，互相提携，互相勉励，共同进步，让事业更上一层楼，让人生更加辉煌灿烂。来，干杯！

第三杯是祝福的酒，祝福我的老乡们身体健康，事业有成，家庭幸福美满。来，让我们举起酒杯，共享美酒，干杯！

战友聚会：老兵见老兵，酒倒满情更深

　　日落西山红霞飞，战士打靶把营归。军旅生涯是人生中的一段特殊履历，更是一种烙印，亲如兄弟的战友情天长地久。

　　退伍、退役后，虽然每个老兵都拥有了自己的生活，扮演着不同的社会角色，但是无论在社会上处于怎样的角色，过怎样的生活，那段军营生活都挥之不去，经常在脑海里萦绕，战友聚会就成了解决相思之苦的最好方式。

　　时隔多年，老战友们欢聚一堂，可以同忆军旅青春岁月，同叙战友情深，重温那段激情燃烧的岁月。

【酒礼酒俗】

　　战友相见格外亲，斟满酒，高举杯，不管是白酒、红酒，还是茶水、饮料，心情好，感情深，喝啥都开心。

　　只要是聚会，茶和酒都是必需品，战友聚会亦如此，但是人们对这两样必需品所给予的"待遇"却是不同的，"满杯酒，半杯茶"，这是在我国大多数地区通行的礼节。

　　"满杯酒"指的是自己的酒杯和客人的酒杯都要倒满，给客人倒满酒的意思是让客人多喝酒、多吃菜，以此来表达主人的热情好客，以及对客人到来的欢迎。在物资匮乏的古代，酒都是用粮食酿造的，在那时候人们常常食不果腹，却拿出美酒来招待客人，还将酒杯倒满，可见主人待客足够真诚，这一礼节至今仍然十分流行。

　　主人给自己的酒杯倒满，也有待客真诚之意，体现了主人舍命陪君子的态度，当然，这也要考虑主人的实际情况，若身体不适等原因不宜饮酒，不应勉强。

　　总之，国人讲究"酒满心诚"，人们习惯将满杯酒与一个人的诚心结合在一起，有一种说法认为，当主人端起满满的一杯酒，向别人敬酒时，只有心诚的人才能做到不洒一滴酒出来。

　　其实，倒酒要倒满杯的规矩，据说与防毒有关，我们讲过碰杯能防毒，是因为酒能洒到对方酒杯中，但前提条件是得把酒杯倒满酒，不然酒怎么洒得出来呢？

至于茶为什么倒半杯，是因为茶是用热水泡的，倒得太满，容易洒出来，烫伤客人，即便茶水没有洒出来，客人端水杯时也会感到烫手。客人喝茶后，主人会根据对方杯子里茶水的多少，适量添加，故有"酒满敬人，茶满欺人"一说。

不过，现在人们饮酒时，不仅考虑礼节，还会考虑实际需要，有些时候，人们在倒酒的时候，不一定非要倒满杯，比如，给女性倒酒的时候，会考虑对方的酒量，适量倒一些，有节制地饮酒，既不浪费，又不伤身，两全其美。

【祝酒词】

战友情，一生随行，战友聚会，述说精彩人生。在战友聚会上，战友们在致祝酒词时，内容应包含对往昔岁月的回忆、战友情谊，以及部队给人生的影响等。

战友聚会祝酒词

【主题】聚会祝酒
【场合】聚会宴会
【人物】战友们
【致辞人】某战友
【致辞风格】庄重深沉、情真意切

亲爱的战友们：

晚上好！

在这硕果累累的金秋时节，我们相聚在福地×××。十五年前，我们离开家人，满怀对部队的向往，带着对祖国的一片赤诚之心，走进了绿色军营，开启了一段峥嵘岁月。

回望军旅生涯，嘹亮的军号一直萦绕在我的心头，激励我不断向前。与战友相处的美好时光时时在脑海里浮现，战友非兄弟，却胜似亲兄弟。在军营里，我们洒下了汗水，铸就了顽强的灵魂。

杨柳依依，我们折枝送友，还记得那个离别的早上吗？我们背上行囊，离开了熟悉的军营和战友，踏上了新的征程，心中有万般不舍，眼泪在眼眶里打转，却不敢回头看一眼。

我们走上了不同的岗位，我们不再穿军装，但军魂永驻于心。无论身处怎样的岗位，我们都有勇气面对挑战，敢于拼搏、攻坚克难，做出优异的成绩，回报部队的栽培。如今大家都已经事业有成，用自己的实际行动为社会做出了应有的贡献。

十五个春秋，弹指一挥间。虽远离军营，但心中常念，今日终于圆了重回军营的梦想，又见到了这么多亲切的战友，仿佛一下子又回到了十五年前，我们一起学习，一起训练，那段苦乐相伴的岁月，如陈年的老酒，愈久愈醇香。

今天，我们从天南海北赶来，欢聚一堂，畅叙战友情，这是一个值得纪念的好日子。让我们共同举杯，祝愿我们的战友情天长地久，祝愿我们的未来美好而幸福，让我们共同期待下一次欢聚，干杯！

相亲聚会："醉"爱相亲会，牵手有缘人

相亲是我国传统的联姻方式之一，早在春秋时期就已经有专门的相亲大会，称之为"仲春会"，时间为莺歌燕舞的春天，相亲地点就选在风景秀丽的野外，其主题为"奔"，意思是与所爱的人一起出走。

仲春会与现在的相亲会最大的不同在于强制性，在古代，仲春会是官方组织的活动，必须参与。《周礼》中的《地官·媒氏》有这样一句话：中春之月，令会男女，于是时也，奔者不禁，若无故而不用令者，罚之。大意是说，仲春会期间，青年男女若宅在家里不出门，不参加相亲大会，就会受到处罚。

时过境迁，现在人们的相亲方式发生了很大的变化，越来越多的人开始尝试不同的相亲方式，比如，家庭相亲聚会就是其中之一，两个家庭中都有单身男女，大家以聚餐的形式相聚在一起，不仅能让两个单身男女相识，而且也方便两个家庭有一个初步了解。

【酒礼酒俗】

既然是家庭相亲聚会，肯定要有饭局。一场饭局，不仅为单身男女的相识创造了机会，也便于家庭成员观察相亲对象。在饭局中，敬酒是一项重要的礼仪，那么，怎么敬酒才得体呢？

在相亲的饭局上，通常男方要先敬女方的父母，然后再敬女方，这个顺序不能颠倒，以显示对女方父母的尊重。

在敬酒的过程中，酒杯应放在桌子的右侧，而且要把酒喝完，才能将酒杯放下。敬酒时，男方要站起来，右手握杯，左手托住杯底，用真诚的话语表达对女方及其家人的尊重与感激，比如，"今天我很开心，能与您相识是我的荣幸，希望我们能成为朋友，以后常联系"等。

此外，在相亲的饭局上，敬酒的次数也十分讲究，通常男方需敬女方的父母三杯，敬酒的时候不能闷头不说话，每次敬酒前，都应该说一些祝福或者感激的话语。

【祝酒词】

在相亲宴会上，一般由相亲对象、相亲宴会的组织者发表祝酒词，其内容多围绕对此次相亲宴会的美好期待展开。

相亲聚会祝酒词

【主题】聚会祝酒

【场合】相亲宴会

【人物】单身男女及家庭成员

【致辞人】相亲男子

【致辞风格】感情真挚、语言质朴

尊敬的长辈们，亲爱的家人们，朋友们：

大家好！

在这个美好温馨的夜晚，我们欢聚一堂，我深感荣幸，也充满了无限的期待。

我第一次参加相亲宴会，这是我人生中非常特别的一次经历，在来之前，我内心有些许的抗拒与紧张，但是现在我完全喜欢上了这样一个轻松愉快的氛围，我们一边享受美食，一边交流，可以有机会彼此了解，这是一件令人感到愉悦的事情。

婚姻不是两个人的事，而是两个家庭的事，今天我们双方的长辈们也来到这里，对于你们的到来，我表示由衷的感谢。在接下来的时间里，希望大家放下拘谨，坦诚相待，真诚交流。

最后，让我们共同举杯，为我们的相遇干杯，为未来的美好生活干杯！

相亲聚会祝酒词

【**主题**】聚会祝酒
【**场合**】相亲宴会
【**人物**】单身男女及家庭成员
【**致辞人**】相亲宴会的组织者
【**致辞风格**】感情真挚、语言质朴

朋友们：

大家好！

在这美好春光里，我们欢聚一堂。首先，感谢各位朋友在百忙之中抽出时间，来参加这场充满期待的宴会，来见证两个年轻人的相识。

相识是一种缘分，希望两位年轻人能够珍惜缘分，通过沟通和交流，对彼此有一个了解，以后多相处，建立起真挚的友谊，更希望你们能将这份友情升华为爱情，有情人终成眷属，携手走向婚姻的殿堂。

在这里，我想对两位年轻人说：愿你们在接下来的交往中，真诚相待，互相尊重，别忘了互加微信，即使不能牵手，还能成为朋友，多一位朋友，人生就多一分精彩。

最后，让我们共同举杯，为这两位年轻人的相识干杯，为今天的美好日子干杯！

客户聚会：推杯换盏之间，叙情谊话发展

近年来，随着市场竞争越来越激烈，商务活动中的人际关系就显得越发重要，无论是企业还是个人，要与客户建立良好的关系，实现进一步合作，都会举办一些客户聚会的活动。

与客户一起用餐，目的不是吃饭，而是商务社交。首先，在酒桌上，与客户交流沟通，可以拉近彼此的距离，增进了解，准确地把握客户的需求和喜好，以便日后为客户提供更加有价值的产品或服务。

其次，在酒桌上，大家心情比较放松，畅所欲言，可以交流出更多的商务信息和合作意向，为今后的合作奠定基础。

除此之外，我们为客户精心准备的聚会，也体现出了我们对客户的重视和尊重，提高了客户对我们的好感度，今后合作的概率就会更大一些。

【酒礼酒俗】

参加客户聚会，不同于一般的同学或者好友聚会，有些礼节若做不到位，就会给别人留下不好的印象，影响今后的合作。在这里，我们讲一个敬酒的小细节，你是否关注过人们在敬酒时，用哪只手执杯呢？正确的做法是右手执杯。那么，左手执杯代表什么意思呢？

第一，在我国的传统文化当中，左手执杯敬酒，一般都是用来祭祀祖先，故称之为"祭祀手"。

第二，在传统文化当中，以右为尊，敬酒用左手，显然是不尊重人的表现，会招致他人的反感。

第三，在酒桌上，用左手执杯敬酒，是一种暗示语，暗示你可以离开了，简言之就是主人下了逐客令。

右手执杯敬酒，出自《礼记·檀弓》的一则典故。春秋战国时期，晋国的重臣荀盈去世了，还未来得及下葬，晋平公便和两位近臣端着酒杯开怀畅饮，这一行为正好被一名厨师看见，厨师很生气，走上前，罚两位近臣各一杯酒，自己也罚了一杯，然后气呼呼地离开了。

晋平公认为厨师的做法，让自己有失颜面，就将厨师抓了过来，质问他为什么这么做，厨师理直气壮地说道："夏桀、商纣因沉迷酒色而亡国，所以后世人多以夏桀被逐之时、商纣身亡之日作为君王的忌日，来警示后世的君王。现在重臣荀盈还没有入土为安，这事比君王的忌日还要重要，可这两位掌管礼乐的臣子却在这里饮酒作乐，理应被罚酒，我罚自己一杯，是因为我的职位卑贱，没有进谏的资格。"

听完厨师的话，晋平公的气消了大半，他意识到了自己的过失，也清楚了厨师的良苦用心，便准备自罚一杯。厨师见状，立马上前夺过晋平公手中的酒杯，亲自为他斟满美酒后，高举着酒杯献给晋平公，晋平公深受感动，便将这个酒杯保存下来，留作纪念。

厨师的这个动作被后世人称为"杜举"，用来表示接受敬酒者的敬意或者规劝，经过数千年的演变，就变成了现在敬酒时一定要用右手执杯，且要伸直手与肩齐平，以此来表示友好。

【祝酒词】

客户聚会看似是一个放松的场合，但是很容易暴露一个人的素质和修养，因此要格外注意自己的言行，在致祝酒词时，一定要体现出客户的价值，表达出对客户的感激之情。

客户聚会祝酒词

【主题】 聚会祝酒
【场合】 聚会宴会
【人物】 客户、公司领导、来宾
【致辞人】 宴会的组织者
【致辞风格】 激情澎湃、庄重深沉

尊敬的各位领导，各位来宾：

大家好！

宝地迎宾客，春风送客来。在这莺歌燕舞、百花齐放的美好时刻，我们非常荣幸地邀请来了×××公司的贵宾。在此，我谨代表×××公司的全体职工对大家的到来表示热烈的欢迎和由衷的感谢。

×××公司自××××年创办以来，在各位贵宾的支持和关照下，已经走过了光辉而曲折的10年。多年来，公司始终秉承着"客户就是上帝"的宗旨，始终坚持以客户服务为中心，坚守品质为初心的原则，建立了广泛的

客户群，赢得了大众和社会的认可。

多年来，我们和社会上各界朋友，尤其在座的各位贵宾，建立了深厚的友谊，得到了各位的厚爱，因此公司的发展势头迅猛，芝麻开花节节高。

今天，我们举办这个聚会，一来为了答谢各位多年来对公司的鼎力支持，二来公司有一款新产品即将上市，让大家先睹为快。

今后，公司会再接再厉，精益求精，为大家提供更优质的服务和产品，以报答大家对公司的厚爱。万语千言藏心底，唯举金樽干一杯。请大家共同举杯，为了我们今天的相聚，为了美好的明天和更好的合作，干杯！

网友聚会：高山流水遇知音，清风明月一壶酒

互联网时代，人们的交往不再仅限于现实生活中，还可以借助网络，寻找到志同道合的朋友，通过加入兴趣爱好相同的线上社交平台，如社交媒体群组、兴趣交流平台、论坛等，我们可以结交到更多的新朋友。

大家在互联网上沟通交流，感情逐渐深厚，于是，从网络走向现实，就成为一种可能。很多网友聚会，参与者大都是第一次见面，却毫无违和感。大家是因为志同道合才走到一起，所以网友聚会的质量较高，参加这样的聚会，可以提高认知，开阔眼界，扩展人脉，实现自我成长。

【酒礼酒俗】

在一些文友聚会场合，经常听到他们说这样一句话："以一杯浊酒敬大家，我先干为敬！"或许不少人对"浊酒"的认知停留在传统的古诗词中，如"一壶浊酒喜相逢""浊酒一杯家万里"等，那么，什么是浊酒呢？

在农耕时代，随着生产力的提高，人们解决了温饱的问题，粮食出现了剩余，便开始用谷物酿酒，但不同的原材料酿出来的酒，品质上是有差异的。用黍和稻等糯性较高的原料酿出来的酒，在没有经过过滤和沉淀之前，里面含有一些酒渣，所以看上去比较浑浊，故称为"浊酒"。

我们在看一些古装片时，比如水浒传，经常会有这样的台词："筛上几碗酒，喝了好上路。"筛酒指的是用筛布将酒中的杂质过滤一遍，目的就是除去里面的杂质。在古代，浊酒主要是寻常百姓饮用。

与"浊酒"相对的是"清酒"，清酒是选用小米、玉米等黏性小的粮食酿制而成的，糖分少，酒精浓度高，色泽也比浊酒透亮很多，因含酒渣少，饮用前不需要过滤，因酒的质量较高，通常为古代贵族饮用。

【祝酒词】

网友聚会的氛围比较放松，因为大家有共同的兴趣爱好，或者奋斗目标，才走到一起。作为网友聚会的组织者，在致祝酒词时，应向网友介绍

聚会的目的，以及表达对网友的感激之情等。

网友聚会祝酒词

【主题】聚会祝酒

【场合】聚会宴会

【人物】网友

【致辞人】聚会组织者

【致辞风格】轻松愉快、语言风趣

女士们，先生们，朋友们：

大家好！

有朋自远方来，不亦乐乎。因为有相同的爱好，我与大家结识于网络，今日我们跨越时间和空间的障碍，从四面八方赶来，实现了首次团聚，作为此次聚会的组织者，我对各位的到来表示热烈的欢迎和真诚的感谢！

在这个多元的世界里，我们是一群心有灵犀的伙伴。古人云：人生得一知己，夫复何求。而我们不只得一知己，而是一群知己，我们有着共同的目标和梦想，我们团结互助，我们并肩前行，这是何等的幸福与快乐啊！

在这个信息爆炸的时代，我们在茫茫网络中，走到了一起，这种相识的概率就如在苍茫的大海中寻找一根针，然而，缘分就是这么神奇，所以，我们今天的团聚弥足珍贵。

我们来自不同的地方，有着不同的经历和背景，但是当我们团聚在一起时，我们就是一个大家庭，我们互相学习，互相鼓励，互相影响，共同成长，共同进步，集体的力量会促使每个人向前，再向前！这就是我组织此次聚会的初衷。

现在，就让我们利用这次机会好好地认识一下，好好地聊一聊，建立起联系，日后多交流、多沟通，这样我们前进的路上就又多了几个同路人，我们便不再孤独、寂寞。

亲爱的朋友们，请举起你们的酒杯，为我们地久天长的友谊，为我们明天的再相聚，干杯！

第六章

职场：才华出众胸中藏，挥毫把酒醉春风

　　职场宴会有规则，酒礼要知晓，应酬莫踩雷。祝酒词有标准，有规范，不随意，措辞应严谨又得体，庄重又热情。祝酒词讲得好，不仅能让领导、同事高兴，让气氛火热，更能展现你的才华，令人刮目相看。

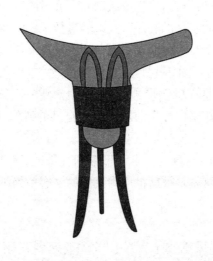

就职：举杯共祝愿，事业蒸蒸日上

领导新到一地或者一个单位上任，单位通常会摆酒设宴，欢迎领导的到来，在酒桌上领导和下属一一见面，了解单位的基本情况，称之为"接风酒"或者"上任酒"。

接风，又称洗尘、洗泥，意思是为长途跋涉到来的贵客洗去身上的风尘，后来引申成了为远道而来的贵客设宴接风。

接风酒不仅仅是为了招待贵客，更是通过宴席这一特殊形式，进行沟通交流，增进彼此的了解。比如，领导上任之初，单位会设接风酒，大家一边喝酒一边聊天，在这样一个放松的环境之中，大家可以谈工作，也可以聊生活，拉近了彼此之间的距离，方便日后开展工作。

【酒礼酒俗】

接风酒起源于我国古代，最初是皇帝接见外国使臣的礼仪之一。接风酒仪式有具体的流程，按照《周礼》的规定，首先由主人致辞，表示对贵客的欢迎，然后主人先干为敬，再给贵客倒满酒，贵客敬酒致谢，并饮酒。这个过程被视为主人与贵客之间友好的交流方式。经过数千年的演变，接风酒逐渐成了迎接来自其他城市或者行业的朋友、客户，以及新上任的领导等。

由此可见，接风酒是中华民族的传统文化之一，不仅流行于现在，古代也十分盛行。唐朝秘书监贺知章听说大诗人李白来到了长安，已经八十三岁的贺知章，亲自到旅店拜访李白，李白双手递上自己的诗作《蜀道难》，贺知章读后高声称赞道："李白，乃谪仙人啊！"然后，他拉着李白去酒馆接风洗尘。因为太兴奋，贺知章出门的时候，忘记带银两，就把皇帝赐给他的金龟配饰拿出，换酒招待李白，这就是被后世广为流传的"金龟换酒"的故事。

【祝酒词】

在新任领导的接风酒宴上，单位首先要对新任领导的到来表示欢迎，并对新任领导的情况做简单的介绍，然后由新任领导致祝酒词，其主要内容包括过去的经历，以及对未来的展望等。

领导就职祝酒词

【主题】 接风洗尘
【场合】 就职宴会
【人物】 领导、同事
【致辞人】 新任领导
【致辞风格】 激情澎湃、庄重严谨

尊敬的各位领导，亲爱的同事们：

大家好！

今天，我怀着激动的心情，荣幸地站在这里，发表就职的祝酒词。首先，我要向领导和同事们表示衷心的感谢，是你们的悉心教导和无私奉献，才让我有机会更上一层楼，担任这个重要的职务，为我们的团队贡献自己的力量。

在这个特殊的时刻，我想表达以下几点：

第一，感谢企业的培养和组织的信任，作为×××公司的一名员工，我将不懈努力，为企业的发展献计献策，不遗余力地发挥自己的才能，不辜负企业的期望。

第二，感谢各位领导和同事们的支持，是你们的关心和帮助，让我在工作中不断成长与进步，在今后的工作中，我将继续发挥团队精神，与大家携起手来，同舟共济，为实现我们的目标努力奋斗！

第三，感谢家人的理解和支持，有幸成为公司的骨干，这既是一份荣誉，也是一份责任，我深知领导并非只是头衔，而是需要我以更高的标准要求自己，以更坚定的决心和更扎实的行动去推动公司的发展与进步，而这离不开家人的鼓励和支持，家人是我坚强的后盾，有了他们，我才能充满信心，勇往直前。

今天，我们欢聚一堂，共同庆祝这一值得纪念的时刻。在此，我提议，为我们的团队，为我们的事业，为我们的未来，共同举杯，祝愿我们的团队更加团结，我们的事业更加辉煌，我们的未来更加美好！

最后，祝愿大家身体健康，工作顺利，家庭美满！

谢谢大家！

一心向党表忠诚，一腔赤诚为民生，一马当先创新局，一身正气葆本色。

某中学校长就职祝酒词

【主题】接风洗尘

【场合】就职宴会

【人物】教职员工

【致辞人】新任校长

【致辞风格】激情澎湃、庄重严谨

尊敬的各位领导，亲爱的全体教职员工：

大家好！

今天，我成功地当选为××中学的校长，在此我要感谢组织和领导对我的信任和肯定。在这个美好的日子里，承蒙各位的亲切关怀，为我举办隆重的欢迎仪式，我不胜感激。

在这里，请允许我，向大家介绍一下我的基本情况，并谈一谈我未来工作的目标和计划。

二十五年前，我毕业于××大学××系。因为热爱教育工作，喜欢孩子，毕业后，我成了一名××县××中学的教师，主要担任××学科的教学任务，这些年我先后担任过班主任、教导主任，在一线教学时间长达十五年，多次被评为县、市、省级优秀教师。

××年，我被调到××中学担任副校长一职，其间丰富了我的管理经验，我从一名教师逐渐成长为教育管理人员，多年的一线教学经验和管理经验，让我对教育有了更深刻的认识，感谢组织对我的培养，感谢领导对我的栽培。

从今天起，我正式成为××中学的校长，我深感责任重大，在今后的工作中，我们的主要目标是提高教学质量。近年来，我们学校出现教学质量下降，好的生源流失的情况。面对这个现状，我们要从细节入手，找缺点，查漏洞，下大决心抓管理，全心全意促教学，争取用三年的时间，使我校教学质量进入全市先进行列。

单丝不成线，独木不成林。身为校长，我定会竭尽全力，忠于职守，克己奉公。同时也希望我们能精诚团结，齐心协力，为我校的建设不遗余力地贡献自己的力量。

最后，我提议，为了我校的美好明天，为了教师这个光荣的职业，干杯！

调动：酒杯倒满，青云直上

工作调动，简单地说，就是一个人从一个工作岗位调整到另一个工作岗位，有时连工作单位都会发生变化，比如，某人因工作能力突出，从分公司调往总公司任职。

通常原单位会为调任的人员举办一场"送别宴会"或"欢送宴会"，邀请调任人员的亲朋好友、同事以及业界人士参加。送别宴会的主要目的是表达对调任人员的祝福和不舍之情，宴会现场的气氛通常比较凝重，有人可能会因为依依不舍而流泪。

在送别宴会上，一般会准备美味佳肴，大家一边品尝美味，一边交流与互动。有的送别宴会还会安排节目与演出，演出的形式多种多样，包括舞蹈、歌舞、小品、相声等，让调任人员感受到原单位的深情厚谊，祝福调任人员一路平安，前程似锦。

【酒礼酒俗】

在古代，朋友之间分别，同事之间分离，以及亲人之间告别，也会举行欢送宴，但叫法有所不同，古时称为饯行酒。比如，官员升职或者被贬，他的亲朋就会为他举行一场饯行酒，一起回忆过去的美好时光，展望未来，期待下一次重逢。

饯行酒，一般会在家中设宴，或者在酒馆安排宴席，大家一边喝酒一边话别。若时间匆忙，来不及设宴，送别的人也会为远行的人准备一壶酒，举杯共饮，依依惜别。

"渭城朝雨浥轻尘，客舍青青柳色新。劝君更尽一杯酒，西出阳关无故人。"这首脍炙人口的《送元二使安西》，讲的就是王维送友人元二远赴安西都护府，从长安一带送到渭城客舍，在此做了这首诗。

唐代诗人李白在即将离开金陵东游扬州时，友人在酒馆里为李白饯行，李白即兴创作了一首《金陵酒肆留别》：风吹柳花满店香，吴姬压酒唤客尝。金陵子弟来相送，欲行不行各尽觞。请君试问东流水，别意与之谁短长？

由此可见，在亲友离别之际设宴饯行，是我国从古代流传至今的一个风俗传统。

【祝酒词】

欢送宴是送别亲朋、同事的一种礼仪，一般多是亲朋或者同事升迁等喜事发生时，设宴款待话惜别。在这样的场合，被欢送者在致祝酒词时，要表达对设宴者的感激之情，以及对原单位依依不舍的离别之情。

敢打敢拼闯事业，一仗接着一仗打，奋勇争先开创新局面。

升任分公司总经理祝酒词

【主题】升迁调动

【场合】欢送宴会

【人物】××公司领导、员工

【致辞人】××公司分公司总经理

【致辞风格】 激情澎湃、庄重严谨

尊敬的各位领导，同事们：

大家好！

根据总公司的安排，我即将从总公司调往分公司，担任总经理一职，离开工作了八年的工作岗位，离开了朝夕相处的同事、朋友们，我内心十分不舍，我有很多话想对大家说，但千言万语不知从何说起，或许下面这些话最能表达出我的心声。

第一，我感谢多年来领导对我的栽培，同事对我的包容和关爱。我刚进入公司的时候，年轻气盛，眼高手低，工作中经常犯错误，领导每次都会耐心地帮我分析原因，而非一味地批评我。有时我的错误会影响同事的工作进展，同事没有埋怨，给予了我足够的包容。正是因为有了好领导和好同事，才让我快速成长起来，成了公司的骨干。

第二，我虽然离开了总公司，但我会怀念与领导、同事一起工作、生活的点点滴滴，我将牢记领导和同事的嘱托，努力克服自身存在的问题和不足，不断提高专业水平和自身素质，争取取得更优异的成绩，来回报大家。希望今后大家多联系，多沟通，我们永远是朋友。

最后，让我们共同举杯，祝大家心想事成，家庭幸福；祝愿××公司的明天会更好！

团建聚餐：共饮团结酒，同绘好未来

团结一条心，石头变成金。一个企业运营是否成功，与团队是否默契配合密切相关，因此，越来越多的企业重视团建活动，而在团建活动中，团建聚餐是一种常用的方案，其意义主要表现在以下三个方面。

1. 提高员工工作积极性

员工长期处于紧张的工作状态，会使工作效率变得低下，企业组织团建聚餐的活动，可以让员工释放工作压力，缓解紧张的工作状态，让员工以积极的、饱满的状态重新投入到工作中去。

2. 促进员工沟通交流

平时员工们都忙于工作，各个部门之间很少有时间相互交流，部门之间沟通不畅，不利于团队的团结，也有可能会影响工作进度，团建聚餐给员工们提供了一个交流沟通的平台，有助于增进员工之间的友谊，让团队更加和谐友爱。

3. 提高企业的凝聚力

通过团建聚餐，员工之间建立了良好的关系，增进了友谊，各部门之间沟通交流顺畅，这些都有助于提升团队的凝聚力。团队凝聚力提高了，员工在工作中齐心协力，拧成一股绳，朝着一个方向用力，企业目标更容易实现。

【酒礼酒俗】

团建聚餐相当于一种娱乐酒宴，主要目的是让员工放松、休闲，缓解工作压力，调节心情。在我国古代，名人士子或者皇亲国戚也会举办"团建聚餐"，只不过那时候叫游乐酒宴，其形式丰富多彩。

1. 船宴

我国古代帝王贵族，会选择天气晴朗的好日子，泛舟湖上，在观赏风景的同时，在船上举行宴会，把酒言欢。据史料记载，春秋时的吴王阖闾、隋炀帝等，都曾举办过船宴。

2. 红云宴

五代时期南汉后主刘鋹每年在荔枝成熟的时候，便会设宴款待宾客，因席上摆放的都是荔枝，远远望去，就像红云一般，故得名"红云宴"。

3. 头鱼宴

头鱼宴是辽代历代皇帝都会举办的盛大的宴会，每年到了春天外出游猎的时候，皇帝会亲自到达鲁河或鸭子河垂钓，捕获到第一条鱼后，就会设宴与群臣一同庆祝，所以称为"头鱼宴"。

4. 头鹅宴

头鹅宴也是辽代的习俗，先由猎人找到有鹅的地方，然后命人击鼓惊鹅，鹅受到惊吓后，就会跑出来，此时，皇帝放鹰抓鹅，抓到鹅后，用刺锥将其刺死，群臣向皇帝献酒，并把鹅毛插在头上，然后大家一起设宴欢庆。

【祝酒词】

团建聚餐的人员都是同一企业的员工，平日里大家经常见面，相对比较熟悉，不会那么拘谨，气氛会比较活跃。作为企业的领导，在这样的场合致祝酒词时，不必那么庄重，用轻松幽默的语言即可。

团建聚餐祝酒词

【主题】聚会祝酒
【场合】聚会宴会
【人物】企业领导及其员工
【致辞人】总经理
【致辞风格】言简意赅，轻松诙谐
亲爱的家人们：
　　大家好！
　　酒香四溢满堂笑，团友相聚情谊长。把酒言欢好时光，团队凝聚人心齐。
　　最近两个月，大家因为一个重要的项目，夜以继日地奋战在工作岗位上，终于在一个星期前顺利完成任务。在此，我代表公司向大家表示衷心的感谢。

如果公司是一条船，你们就是水，没有水，船无法扬帆起航，所以，你们是公司伟大的功臣，是宝贵的财富。公司的点滴成绩都是在大家的共同努力下取得的，家人们，你们辛苦了！

今天，公司组织团建活动，目的是让大家放松心情，吃好喝好，尽情地娱乐。平时大家工作忙，没时间坐下来聊聊天，现在我们可以边吃边聊，互诉衷肠。

岁月不居，天道酬勤。回首过去，大家协力、奋发图强，同舟共济、锐意进取，取得了骄人的成绩，收获了累累硕果。再有一个多月，就是新的一年了，希望家人们发扬龙马精神，奋发向上，不断学习，不断进步，在实现自我成长的同时，也让我们的公司实现高速发展！

家人们，希望在接下来的时间里，大家能畅所欲言，互相学习，共同进步。现在，请大家斟满酒杯，一起举杯，共同喝一个团结酒。祝愿我们的团队越来越团结，越来越和谐，拥有更美好的未来，干杯！

公司年会：喝好年会酒，来年展宏图

年会是指某些社会团体或者公司一年举行一次的集会，主要是为了鼓励团队士气，增强团队凝聚力，营造积极的氛围。

一般来说，公司年会标志着一年工作的结束，也是一年一度的盛会，公司会办得热闹而隆重，内容丰富多彩，包括企业历史的回顾、企业未来的展望、优秀员工的表彰等。一些实力雄厚、规模较大的公司还会邀请合作伙伴、分公司的领导等嘉宾一同来参加年会。

每个公司的年会都不大相同，有的公司会安排一场由员工自导自演的表演晚会，为了活跃气氛，其中还会设计竞选、抽奖等环节。有的公司干脆带着员工去泡温泉、滑雪。无论是哪一种形式，都能让员工感受到公司的关爱和集体的温暖，有助于激发他们在工作中的动力。

【酒礼酒俗】

不管是何种形式的公司年会，都少不了酒宴，大家一起举杯为今年取得的优异成绩干杯，祝愿来年公司的发展更上一层楼。那么，你知道公司年会的由来吗？

这就要从打牙祭说起，打牙祭原指每逢月初、月中吃顿荤菜，因为过去生活水平低，人们不能像现在这样每天可以吃到肉，喝到酒，只能隔一段时间解解馋，而且还得借财神的光。财神即土地神，也称土地公，过去人们每月要进行两次祭祀财神的活动，因为人们认为土地神能保佑商家生意兴隆，财源广进，在祭祀这天会用猪肉、鸡肉、鱼肉等肉类祭品拜祭土地神，这个过程称为"做牙""牙祭"。做牙之后，把肉分给大家食用，俗称"打牙祭"。

根据传统，农历的二月初二是"头牙"，六月十六是"半年牙"，腊月十六是每年的最后一个"牙期"，称为"尾牙"，是一年中非常重要的

"牙期"。延伸至今，"尾牙"就演变成了"年会"，多数公司通常会宴请员工，发放年终奖，对员工一年的辛苦付出进行犒赏，既让员工体验到了收获的快乐，又激发了员工奋发向上的斗志。

【祝酒词】

员工辛辛苦苦工作了一年，公司可以借助年会好好犒劳一下员工，在这样的场合，公司的总经理应致祝酒词，除了表达感谢之外，还要对过去一年所取得成绩进行总结，并对新的一年提出期望。

公司年会祝酒词

【主题】公司年度总结
【场合】年会宴会
【人物】××公司全体员工
【致辞人】××公司总经理
【致辞风格】激情澎湃、庄重严谨

各位兄弟姐妹：

大家晚上好！

在这个华灯璀璨的美好夜晚，我们欢聚一堂，共同庆祝年会的胜利举行。我要感谢在座的兄弟姐妹们，感谢你们辛苦的工作，默默奉献，正是因为你们的努力和敬业，才让××公司取得了骄人的成绩，没有你们的付出，就没有公司今日之辉煌，你们是公司最宝贵的财富！

回首过去的一年，我们××公司全体员工，团结一致，同舟共济，奋力拼搏，使公司的业绩又上了一个新台阶。在严峻的市场形势下，我们的不少同行都在走下坡路，而我们却能逆流而上，这是大家共同努力的结果。

最令人欣慰的是，公司涌现出了一大批优秀员工，让整个公司面貌焕然一新，我为公司拥有这样的员工而感到骄傲和自豪。

我们即将送走硕果累累的×年，迎来充满希望的×年。在新的一年里，我们要继往开来，弘扬"龙马精神"，亮出每个人的"精气神"，踔厉奋发奔新程！

现在，我提议，在座的兄弟姐妹们，请斟满酒杯，为我们这个大家庭，为我们美好的未来，干杯！

大家一起来努力，公司会有好业绩。同事欢聚在一起，开开心心生财气。

第七章

商务：酒微醺，人微醉，
生意最兴隆

商务酒宴的初衷是为了促进交流与合作，而祝酒词如同催化剂一般，能够加速这一过程的进行。它通过对过去合作的回顾与肯定，以及对未来合作的展望与期待，为双方的合作奠定坚实的基础。

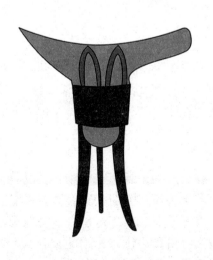

迎宾：杯盏相逆传温情，宾客来临笑语喧

　　机关或者企业在举行隆重庆典、大型聚会时，主办方为了表示对宾客的热烈欢迎，会专门设置迎宾宴。宴会的组织和进行过程中，对礼节要求较高。

　　主办方要安排接待人员提前到达宴会地点，在门口做好迎宾准备，宾客到达时，主人要表示热情欢迎，与之握手、寒暄。宾客在接待人员的指引下入席。迎宾入席有一定的次序，一般要先引主宾后引一般宾客，宾客若有女宾的话，则要女士优先。如果宴会规模较大，也可以先引一般宾客入席，最后引主宾入席。

　　待主宾及大部分宾客都入席之后，即可上菜，新上的菜要先放在主宾面前，若是全鱼、全鸡，应将其头部对着主宾或者主人。宴会开始时，要为宾客们斟满酒。

　　宴会正式开始后，举办此次宴会的主人要致祝酒词，在全体干杯后，通常宾客可自行享用美食了，若有必要，主人还需向主要的宾客敬酒。待大家都吃好后，主人与主宾要起立，大家也跟随起立，表示此次宴会结束。

【酒礼酒俗】

　　现在举行迎宾酒宴尚有很多"规矩"要遵守，在古代礼节会更加繁复。比如古代盛行的燕礼。燕礼之"燕"通"宴"，是古代贵族为了联络与下属的感情而宴饮的礼仪。燕礼可以为特定的对象而举行，比如凯旋的将军、建立功勋的官员等，有时也没有明确目的，帝王心血来潮，便摆酒设宴，宴请群臣。

　　宴礼分为五个步骤，分别是迎宾礼、献宾礼、饮酒礼、宴饮礼和送宾礼。迎宾礼，可以简单地理解成为迎接宾客做好准备，如把各种器物按照规定摆放好，编钟、鼓等乐器放在指定位置。最重要的是一定要安排好座次，因为参加宴礼的人身份和地位有一定的差异，在座位的安排上也有尊卑之分，通常地位越尊贵，位置距离国君越近。

　　迎宾礼之后是献宾礼，因为诸侯国君地位特殊，通常不会对大臣亲自

献酒，而是由宰夫代替主人行献宾之礼，主人先要敬宾客，然后宾客回敬，一番相互敬酒之后，开始奏乐，宴礼进入下一个环节——行饮酒礼。待饮酒礼之后，宴会正式开始，这时候宾客们才可以尽兴畅饮，待大家吃饱喝好后，就要送宾了。国君地位至高无上，是不会送宾客的，卿和大夫们拿着国君赏赐的肉脯，低着头退出，大家各自散去便是。若宴请的是外国的使者，国君也不会亲自送，而是会让卿和大夫们替自己去欢送使者。

【祝酒词】

迎宾祝酒词是在迎宾宴会上，主办者为对宾客的到来表示热烈的欢迎而进行的讲话，除了表达欢迎之意外，可以为来宾简单介绍本单位的情况，最后用敬语表达一下美好的祝愿即可。

欢迎董事长宴会祝酒词

【主题】迎宾祝酒
【场合】迎宾宴会
【人物】××董事长及随同人员，公司领导及员工
【致辞人】主持人
【致辞风格】热情洋溢、感情真挚

尊敬的××董事长，各位来宾：

大家晚上好！

阳春三月春风暖，宾客云集喜盈门。在这个春暖花开的美好时节，××董事长在百忙之中抽出时间亲临我公司进行指导，我们倍感荣幸。现在请让我们以最热烈的掌声对××董事长的到来表示欢迎。

我们公司从创业之初到现在，风风雨雨走过了八个春秋，××董事长一直与我们并肩前行，同舟共济，和广大职工一起奋斗努力，今天我们的公司能取得骄人的成绩，与董事长的大力支持密不可分。

在激烈的市场竞争中，每个公司都像在大海中搏击风浪的一艘帆船，能否顺利到达成功的彼岸，关键在于舵手，若舵手指引的前进方向是错的，帆船必将淹没于风浪之中。我们的董事长是一名出色的舵手，他带领我们几次躲过风浪，面对严峻的市场形势，总能绝处逢生，置之死地而后生，我们因能拥有这样神勇的董事长而感到荣幸和骄傲。

今天，××董事长亲临我们的公司，进行生产技术和经营管理等方面的指导，这对我们来说，是一次难得的学习的机会，希望大家珍惜这次机会，认真听取董事长的指导。希望通过学习，每个人的能力都能得到提

高，从而提升整个公司的战斗力，使公司在未来的竞争中再创佳绩。

现在，我提议，请大家斟满酒，共同举杯，为感谢董事长的关怀和支持，干杯！

您如同明亮的灯塔，为我们指引了前进的航向，让我们用最热烈的掌声，欢迎董事长的到来。

采摘节迎宾宴祝酒词

【主题】迎宾祝酒

【场合】迎宾宴会

【人物】领导、各界来宾

【致辞人】领导代表

【致辞风格】庄重、严谨、热情

尊敬的各位领导，各位来宾：

大家好！

在丹桂飘香、硕果累累的金秋，一年一度的采摘节在美丽的××酒店隆重开幕。首先，我对各位的到来表示热烈的欢迎，向多年来支持我们工作的各级领导和各界人士表示由衷的感谢！

××县，是一个历史悠久、物产丰富的农业小城，这里的红富士苹果享誉全国。自××年创办采摘节以来，至今已是第××届。在各级领导的热心关怀下，在全县人民的共同努力下，采摘节已经成为国内有广泛影响的文化节和旅游节，成为展示我县形象的一个重要窗口。每年来参加采摘节的游客达到上千万人次，极大地促进了我县的经济发展，

欲穷千里目，更上一层楼。未来我们会继续踔厉奋发，笃行不怠，努力做得更好，来回报大家的厚爱。我们也期待各级领导、各界朋友一如既往地关心和支持我们。

最后，祝愿各位领导、各位来宾生活愉快，愿这次采摘节给您留下美好的记忆！现在我提议：为第××届采摘节的成功举办，为我们真挚的友谊和真诚的合作，干杯！

开业：三杯薄酒酬亲友，一席淡菜宴嘉宾

开业酒是民间的一种职业风俗，流行于全国大部分地区。一般人们会在两种情况下举办开业酒，一种是店铺开张，老板会置办酒席，以表示庆贺；还有一种情况是过完节假日重新开始营业，老板会设宴款待全体员工。

人们举办开业酒，图的就是喜庆和吉利，古人的开业酒办得会更加隆重，更加热闹。比如，在开业当天，会祭祀财神或者行业祖师爷等，祈求高朋满座、生意兴隆，财源广进。

现在商家的开业酒，其形式虽然与古时候有所不同，但目的相同，都希望有一个好兆头。商家会邀请一些贵宾或者名人来剪彩，剪彩时，会在店门口或者店内悬挂彩带、彩旗，燃放鞭炮，舞龙狮等，营造喜庆的气氛，祈求好运。

【酒礼酒俗】

有的商家举行开业酒时，不仅会大摆筵席，还会舞龙狮、扭秧歌，载歌载舞，庆祝一番，其实这也是一种文化。在我国饮酒是一种文化，佐酒更是一种文化，佐酒的形式多种多样，有以戏佐酒，有以书佐酒，还有以诗文佐酒等。

比如，晋代时流行以书佐酒，简单地说，就是一边饮酒，一边看书，比如北宋文学家苏舜钦就有这一爱好。据说，他住在岳父家时，每晚读书的时候都要饮一斗酒，他的岳父感到很奇怪，就偷偷地去观察，发现苏舜钦一手执杯，一手拿着《汉书》，读得津津有味，兴起时，还会拍案大叫。他的岳父见状，笑着说道："有《汉书》做下酒菜，一晚饮一斗酒实在不算多。"从此以后，《汉书》下酒，就传为了美谈。

魏晋时期，以琴佐酒也是文人最钟爱的一种形式，如竹林七贤的阮籍、嵇康就喜欢伴着琴声饮酒。

到了宋代，盛行杂剧佐酒，朝廷专门训练出演艺队伍，在举行盛大的

酒宴时，就请演艺队伍进行表演。后来，一些富贵的人家在举办酒宴时，也会请演艺队伍来家中表演，称为"堂会"，这与现在的歌舞表演有几分相似。

【祝酒词】

小到店面开张，大到酒店、超市、商场等开业，都会举行开业庆典。在这样一个隆重而热闹的场合，老板一定会出面致祝酒词，一方面对各界的关心表示感谢，另一方面欢迎八方来客。

公司开业祝酒词

【主题】 开业祝酒
【场合】 庆典宴会
【人物】 领导、嘉宾、公司员工
【致辞人】 公司领导代表
【致辞风格】 热情洋溢、庄重深沉

尊敬的各位领导，尊敬的各位来宾，女士们，先生们：

大家好！

金秋时节，清风送爽，百果飘香。今天，是×××公司开业的日子，我谨代表×××公司全体员工向在百忙之中抽出时间莅临开业庆典的各位领导和来宾表示热烈的欢迎和由衷的感谢，向为×××公司的建设付出心血和汗水的全体职工表示亲切的问候。

千人同心，则得千人之力。××公司的雄起，离不开每一位成员的努力拼搏，希望每一位兄弟姐妹，都能承担起属于自己的那份责任，为公司的宏伟目标添砖加瓦，增光添彩，我作为公司的总经理向各位兄弟姐妹们表示衷心的感谢。

"有朋自远方来，不亦乐乎？"公司开业之后，我们期待各位领导、来宾、各界朋友的光顾，希望你们为公司多提宝贵意见，你们的鞭策就是我们前进的动力，我们会努力再努力，争取成为同行业的佼佼者、领头羊。

今天，大家欢聚一堂，我们为大家略备薄酒，若有照顾不周，服务不到的地方，敬请海涵和谅解。再次感谢各位领导和嘉宾的光临，你们的关心和支持是对我们最大的鼓励！

最后，让我们共同举杯，祝各位领导、各位嘉宾身体健康，幸福美满；祝××公司开业大吉，生意兴隆，鹏程万里，干杯！

商场开业庆典祝酒词

【**主题**】开业祝酒

【**场合**】庆典宴会

【**人物**】领导、嘉宾、公司员工

【**致辞人**】董事长

【**致辞风格**】真诚、庄重、深沉

尊敬的领导、来宾朋友：

大家好！

宝地迎宾至，春风送客来。值此×××商场隆重开业之际，我谨代表××集团，对莅临开业典礼仪式的各位领导、各位来宾表示热烈的欢迎和衷心的感谢！

××商场经过近三个月的紧张筹备，在各级领导、各界朋友的关心和支持下，特别是在××的悉心指导下，今天终于正式开业了！在此，我代表集团全体同仁向关心和支持我们的各界朋友表示最真诚的谢意，没有你们，就不会有××集团的辉煌。

　　××是一个综合性的大型商场，集时装、箱包、鞋帽、饰品、时尚餐饮于一体，它的落成和开业，是我们集团发展壮大的一个里程碑，也是我们为答谢××市的全体市民献上的一份珍贵的礼物。

　　作为××集团的董事长，我还要感谢××商场的全体员工，因为有你们的辛勤付出，才有了××商场的诞生，希望你们在××商场工作得舒心、开心、顺心。

　　企业的使命不仅在于创造财富，更在于回馈社会。今后，我们将以推动社会进步为己任，为社会做出更多的贡献。

　　最后，让我们共同举杯，预祝××商场开业庆典圆满成功，干杯！谢谢大家。

开张笑纳城乡客，开业喜迎远近宾。

签约仪式：鲜花与美酒作陪，
掌声与欢呼同贺

签约仪式是一项重要的商务活动。两方就某一项重大事件达成协议，或者国家之间就政治、经济、军事、文化等某一领域的合作达成协议，通常都要举行签约仪式和签约仪式宴会。

签约仪式宴会要营造出庄重、高雅的氛围，以此来展示企业或者国家的形象和实力，给来宾们留下深刻且美好的印象。

就整体布置而言，签约仪式宴会应选择在一个宽敞明亮的宴会厅。该选择多大的宴会厅，应根据参加宴会的人员数量而定，要确保场地能够容纳所有参加宴会的嘉宾，不能显得过于拥挤。

桌布和椅套应选择色调简约大方的颜色，最好选择能增加庄重感的颜色，如深灰色等。另外，应在宴会上布置一个舞台，用于签约仪式和演讲活动等。

除了以上所述外，还应注意一些细节，如在舞台两侧摆放高脚花架，上面可以放一些鲜花或者绿植；舞台背景可以放一些宣传画；餐具摆放整齐，使每张餐桌上的餐具的排列方式都保持一致等。

【酒礼酒俗】

签约仪式宴会是一种重要的商务宴会，那么，在这样庄重的场合该准备什么样的酒水呢？酒水品种繁多，很难说哪种酒水好，正所谓众口难调，我们只要把握好几条原则即可。

首先，不管选择什么样口感的酒水，质量安全都是第一位的，在此基础上，尽量选择大家熟知、知名度高的酒水，因为知名度高在一定程度上代表了市场对其认可度较高。

其次，挑选酒水之前，先了解嘉宾的喜好、年龄、地域等，因为不同年龄段、不同地域的人对酒的偏好不同。投其所好，选择嘉宾偏爱的酒水，会让嘉宾有宾至如归之感，也能让他们感受到主办方的诚意。

最后，酒水品种不宜太多，一般以一款白酒和一款红酒为宜。

【祝酒词】

签约仪式多发生在企业之间，也可能出现在政府部门和企业之间。在企业之间的签约仪式上，祝酒词中应包含对双方的介绍及赞美。如果有政府部门参与，应对政府的支持表示感谢。

企业项目签约仪式祝酒词

【主题】签约祝酒
【场合】签约仪式宴会
【人物】企业领导、嘉宾
【致辞人】签约一方企业领导
【致辞风格】热情、庄重、严谨

尊敬的各位领导，尊敬的各位来宾，女士们，先生们：

大家好！

阳春三月，春风送暖，在这个鸟语花香的美好时节，我们满怀喜悦地迎来了强盛汽车集团（化名）与美国君龙汽车公司（化名）的签约仪式，这标志着君龙中国总经销公司正式成立。这是双方历时八个多月的交流、磋商，达成的合作共识。在此，我代表强盛汽车集团，向出席签字仪式的各位领导、各位来宾，向远道而来的美国朋友们表示热烈的欢迎和衷心的感谢！

君龙汽车公司创建于19××年美国汽车城底特律，该公司生产的汽车具有内部空间宽敞、乘坐舒适、动力强、加速快等特点。君龙汽车公司尤其重视质量提升和新技术的应用，该公司的产品享誉全球，在用户心中有良好的口碑。

强盛汽车集团（化名）成立于2000年1月7日，是中国华北地区规模最大的汽车销售服务企业，实力不容小觑，曾获得"全国民营企业100强""守合同重信用企业"等荣誉。目前集团旗下有十余家子公司，代理数十家汽车品牌的销售、维修等业务。因服务优良，技术过硬，信誉极佳，我们集团深受广大用户的好评。

现在，让我们共同举杯，祝愿签约仪式圆满成功；祝愿各位领导和来宾身体健康，工作顺利，万事如意！

诚信合作，互惠双赢，共创未来。

项目签约仪式祝酒词

【主题】签约祝酒

【场合】签约仪式宴会

【人物】企业领导、嘉宾

【致辞人】组织者代表

【致辞风格】热情、庄重、严谨

尊敬的各位领导，尊敬的各位嘉宾，女士们，先生们：

大家好！

今天，我们相聚在×××宾馆，举行数字显示器镁铝合金配件项目的签约仪式。本次签约仪式得到了各界人士的高度重视，相关企业领导也来到现场参加签约仪式。在此，我们对该项目的投资方威电科技开发有限公司（化名）对我县经济发展的支持表示衷心的感谢，对前来参加此次签约仪式的各界人士表示热烈的欢迎。

我县位于×××，县域面积×××平方公里，全县总人口××万人，近年来，县委、县政府在市委、市政府的正确领导下，团结带领全县人民，励精图治、开拓创新，实现了经济建设的跨越式发展，营造了一个良好的投资环境，吸引越来越多的企业入驻。

此次签约的数字显示器镁铝合金配件项目由威电科技开发有限公司建设，总投资3.5亿元，其中设备投资2亿元。项目建成后，主要产品为大型数字存储中心设备、数字显示器，预计实现年产值2.8亿元，年税收约为725万元。希望各相关部门通力合作，确保项目尽快投产见效，为我县的经济发展做出贡献。

现在，让我们共同举杯，预祝我们此次合作愉快，干杯！

招商会：携手共创美好未来，为合作共赢举杯

招商，即招揽商户，它是指发包方将产品与服务面向一定范围进行发布，以招募商户共同发展。招商可以是企业行为，也可以是政府行为，如地方政府举办的招商引资活动。

在商业领域中，招商是一项重要的活动。招商宴会则是招商活动中常用的形式之一，就企业而言，它能为企业扩展业务提供机会，又能增进客户与企业之间的交流互动，增加达成合作的可能性；就政府而言，它是一个很好的向外界展示自己的窗口，同时也增加了吸引投资者的机会。

一般一场成功的招商宴会有六大流程，以企业招商为例，流程具体为：欢迎致辞，企业介绍，产品展示，互动交流，趣味活动，结束致辞。

招商宴会开始后，先由企业领导或者嘉宾代表致辞，对商户的到来表示欢迎和感谢。企业要向商户介绍自己的发展历程，有哪些核心产品，这一步很关键，若能吸引商户的注意，在接下来的产品展示环节时，商户就会十分感兴趣，在进入互动交流环节时，商户会主动与企业领导人进一步沟通交流。

以上是招商宴会关键的几个环节，为了增加招商宴会的趣味性，有的招商宴会会安排文艺演出或者抽奖活动，二者相比较，抽奖活动效果会更好，企业可以将奖品设置为企业的产品，这样就给了客户进一步了解产品的机会。

宴会最后，由企业领导或者嘉宾代表进行结束致辞，再次表达对商户的谢意，并真诚期待有机会合作。

【酒礼酒俗】

招商宴会不同于一般的朋友聚餐，对礼仪要求较高，无论是组织者还是被邀请者，都应该遵守基本的礼仪规范。

就组织者而言，要举办招商宴会，应提前向嘉宾发送邀请函，为确保嘉宾收到邀请函，在发出邀请函之后，要进行电话核实，将宴会的时间、

地点、主办单位向嘉宾重复一遍。

对于被邀请者来说，接到电话邀请后，要向对方表示感谢，并对能否出席给予答复，若不能出席应说明原因并致歉。招商宴会比较正式，特别是政府的招商引资活动，一定要有时间观念，不宜过早或者过晚到达。

参加酒宴时，若不能喝酒，应轻轻按着酒杯边缘，向敬酒者解释原因，不能将酒杯倒扣在餐桌上。如果不想再喝了，可以用手扶住酒杯，微微向前倾斜，以此表示不能再喝了。通常倒入杯中的酒要全部喝完，不然就是不礼貌的表现。

另外，在这样正式的场合，喝酒要适量，切勿酒后失态，不然不仅会有损个人形象，也会给企业造成不良的影响。

【祝酒词】

招商引资是一种重要的商业行为，在宴会上祝酒词对投资或者交易的成败起着重要的作用，那么，该如何说好招商引资祝酒词呢？作为招商引资的企业或者政府部门，应通过祝酒词展示自身的实力与优势，以吸引投资者，并对投资者的到来表示热烈的欢迎。

企业招商宴会祝酒词

【主题】招商祝酒
【场合】招商宴会
【人物】企业领导、投资者、嘉宾
【致辞人】企业领导
【致辞风格】热情、庄重

各位来宾，广大经销商朋友，女士们，先生们：

大家好！

五月，青山绿水，鸟语花香；五月，播种希望，翘首金秋。在这个充满希望的日子里，我们欢聚于××公司20××年度新产品推介暨订货会，寻求互利共赢的机会。在此，我谨代表××公司，对出席今天招商宴会的各位来宾、各位朋友致以最热烈的欢迎和最诚挚的问候，感谢各位的到来！

××公司自1981年创办以来，风风雨雨度过了××余载，公司一直坚持"质量优先、客户至上"的核心理念，以国际质量管理体系标准为基准，以市场和用户需求为焦点，打造出了数十款高品质、可信赖的产品，赢得了市场的广泛认可。

公司能取得如此成就，与社会各界朋友尤其是在座的各位贵宾的关心和支持密不可分，我们在合作共赢的过程中也建立起了深厚的友谊，在此感谢大家多年来对公司一如既往的关爱，谢谢大家！

宴会结束后，大家可以到公司内部进行参观，进一步了解我们的新产品。在参观过程中，我们会有专门的讲解员为大家介绍产品的细节，满意之后，可以当场订货签单。公司为了答谢大家，今天签单优惠多多，福利多多。

现在，让我们满饮此杯，为我们合作共赢、共创辉煌，干杯！

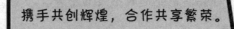

携手共创辉煌，合作共享繁荣。

招商宴会祝酒词

【主题】招商祝酒

【场合】招商宴会

【人物】经济开发区部门领导、企业负责人、嘉宾

【致辞人】领导代表

【致辞风格】热情、庄重

尊敬的各位领导，各位来宾：

大家好！

在这喜获丰收的美好季节，我们十分荣幸地邀请到国内外的商业精英和企业家，八方贵宾相会东海（化名），四海客商云集一堂。为答谢远道

诚邀志士共谋大计，共建美好幸福家园。

而来的各位贵宾，市委、市政府为大家设了酒宴，与大家把酒言欢，共叙友情，共话发展。在此，我谨代表市委、市政府向各位领导、各位来宾的到来表示热烈的欢迎，向关心和支持我市发展的各界人士表示衷心的感谢！

东海，是一座千年古都，有着悠久的历史和文化底蕴，随着我国经济的快速增长和现代化的建设，东海积极地进行经济转型和发展，逐渐成为一座充满活力和机遇的现代化城市，吸引着越来越多的投资者来到东海。

我们即将在未来产业园（化名）举办招商活动，为热爱东海、向往东海的投资者提供了一个良好的契机。此次招商活动将集中举办总投资600亿元的85宗项目签约、动工、竣工仪式，不仅向广大客商全面展示项目建设的成果，也为各位企业家提供一个交流互动的平台，让大家更深入地了解东海，对东海的投资环境和未来发展空间有一个全面的认识，使大家来东海投资更加有信心。我们定将以一流的政务环境和法治环境为投资者提供有力的支持，让投资者得到最大的回报。

东海是一个让人流连忘返的城市，希望能给各位来宾留下深刻而美好的印象，我们真诚地希望大家继续关注东海，支持东海。东海永远张开双臂，欢迎八方客商来此投资兴业，大展宏图！

最后，请大家共同举杯，为这次招商会的成功举办，为我们明天的合作，干杯！

第八章

庆功：人生得意须尽欢，
这杯福酒要尽享

　　鲜花献模范，美酒敬英雄。人生得意之时，便是庆功之时，借一杯美酒琼浆，表达雄心壮志、喜庆之情；讲一段精彩的话语，唤起人们的激情，燃爆现场气氛。

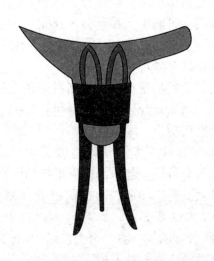

杰出人物（或企业）颁奖：
成功之时，把酒言欢

　　人生得意须尽欢，莫使金樽空对月。对国人来说，人生的精彩时刻，怎么能少得了酒的陪伴呢？人生之路虽然坎坷，但只要努力，就会收获大大小小的成功。在欢庆之时，举杯喝下庆功酒，是人生一大乐事。

　　庆功酒是一种表达喜悦的方式，起源于何时，已经无从考证，但发展成为一种习俗是不争的事实。平日里，庆功酒多见于企业或社会团体之中，如为杰出人物或者企业颁奖设宴。

【酒礼酒俗】

　　庆功酒宴是庆祝胜利、分享喜悦的重要仪式。比如，古代将军带领士兵打了胜仗，归来之后，皇帝往往会摆酒设宴，犒劳将士们。

　　公元前 121 年，骠骑将军霍去病率领大军攻打匈奴，大捷之后，汉武帝为霍去病赏赐了御酒，可酒少人多，分不过来，怎么办呢？霍去病灵机一动，将酒倒入了一眼泉水中，与将士们共饮泉水，庆祝凯旋，同享皇恩。据说，这就是酒泉这个城市名字的由来。

　　用美酒赏赐凯旋将士的皇帝很多。唐高祖李渊在得知张宝相擒突厥颉利可汗，献于京师后，兴奋地感叹道："吾付托得人，复何忧哉！"随后，便大摆筵席，为将士们庆功。

　　公元 1757 年，新疆发生叛乱，清政府派兵进行镇压，捷报传来，乾隆在避暑山庄设宴，与官员们一起饮酒庆祝平叛的胜利。

　　古时候，不仅凯旋要喝庆功酒，出征前也会饮酒，称之为"壮行酒"或"出师酒"。孙权在大战曹军前，曾亲自赏赐将士们大量美酒，说道："今夜奉命劫寨，请诸公各满饮一觞，努力向前。"即使是现在，军队出征前也会摆出师宴，这已经成为一种习俗。

　　那么，为什么士兵出征前要饮酒呢？此酒不仅是对他们个人勇气的赞美，也是对他们坚定的决心和必胜的信念的鼓励。

【祝酒词】

颁奖是见证荣耀的时刻，无论是获奖者还是前来祝贺的人，心情都十分愉悦。在这样一个欢乐的场合，作为宴会的发言人一定要使用"热烈、欢快、隆重"的言辞，向获奖者表示祝贺和赞美。

企业劳模颁奖宴会祝酒词

【主题】颁奖祝酒

【场合】庆功宴

【人物】企业领导、嘉宾、劳模代表

【致辞人】领导代表

【致辞风格】热烈、庄重

尊敬的各位来宾，亲爱的劳模们：

大家晚上好！

春意融融，百草吐芳，在这个生机盎然的日子里，我们欢聚一堂，举行企业劳模颁奖宴会，表彰一年来为企业的发展做出突出贡献的劳动模范。首先，我谨代表企业向各位劳模表示热烈的祝贺，并致以崇高的敬意！

今天受到表彰的劳模们，你们是企业发展的中坚力量，推动了企业高速的发展，你们是企业精神的传承者，激励着一代又一代的员工勇往直前，你们是企业的宝贵财富，你们的辛勤付出，铸就了企业的辉煌，也为企业树立了良好的形象。

在此，我要向各位劳模表示衷心的感谢！你们是企业的荣光，是企业的骄傲，是企业的主人公！此时此刻，让我们共同举杯，为企业的美好明天，为劳模们的辛勤付出，为伟大的祖国繁荣昌盛，干杯！

祝愿各位劳模身体健康，工作顺利，家庭幸福美满！

祝愿我们的企业步步登高，造就新的辉煌！

谢谢大家！

杰出企业颁奖宴会祝酒词

【主题】 颁奖祝酒
【场合】 庆功宴
【人物】 相关企业的领导、嘉宾、企业代表
【致辞人】 领导代表
【致辞风格】 热烈、庄重

女士们，先生们：

大家晚上好！

盛情依依，笑语盈盈。今晚，我们欢聚一堂，是为了庆祝我市首届绿色发展优秀企业案例评选活动的圆满结束。在这次评选活动中，共有10家企业获得了"首届绿色发展优秀企业案例奖"，让我们用热烈的掌声，向这些企业表示衷心的祝贺。

此次活动得到了主办单位——企业家协会的大力支持，在此我代表市政府向企业家协会表示衷心的感谢。此次评选活动自始至终坚持"公开、

"公平、公正"的原则，经主管部门严格把关，人民群众积极踊跃地投票，最终评选出了十家企业。我想对这些企业说：你们是同行的标杆，是同行学习的榜样，希望今天取得的成绩，对你们来说是一种鞭策，激励你们更加地努力，去实现更高的目标。

　　同志们，荣誉是对过去的一种肯定，展望未来，我希望各企业在接下来的工作中继续贯彻落实市委、市政府的战略部署，将节能环保的理念根植于生产制造的每个环节，多渠道循环再利用，减少污染物的产生，清洁生产节能降耗。

　　朋友们，让我们共同举杯，再次向荣获"首届绿色发展优秀企业案例奖"的企业表示祝贺，祝愿大家的明天更加辉煌，干杯！

奠基典礼：愿这份事业繁荣昌盛，如同美酒醇厚而芬芳

奠基仪式通常是指一些重要的建筑物，如大厦、场馆、纪念碑等，在动工修建之初，举行的庆贺性活动。

奠基仪式一般会在动工修建建筑物的施工现场举行，奠基石的选择十分讲究，不仅要完整无损，而且外观要精美，上面的字体多为楷体，以白底金字或黑字为佳。在奠基石的下方或者一侧，会放置一个密封的铁盒，里面装有该建筑物的资料等物品，它会连同奠基石一起埋入地下，以作纪念。

为奠基石培土时，应先由领导用系有红绸的铁锹培第一锹土，然后是东道主和其他来宾培土。

【酒礼酒俗】

奠基仪式结束后，东道主往往会设席宴请到场嘉宾，进行答谢。在酒宴上一般会备有红酒。红酒是一种"舶来品"，所以，我们有必要了解一下红酒礼仪。

"酒满敬人，茶满欺人"，这一礼仪并不适用于红酒，主人在给客人斟酒时，不宜太满，一般以三分满为宜，这样做除了看起来美观舒适外，还能让红酒尽可能地与空气接触，软化单宁。

持杯时，不宜握住杯肚，因为喝红酒讲究温度适宜，握住杯肚会使红酒温度升高，影响口感。正确的做法是，握住杯脚，用食指、中指和拇指夹住高脚杯杯柱。

喝酒之前，用手握住杯柱，用手腕的力量轻轻地摇晃酒杯，使红酒适度软化，让红酒的香味慢慢散发出来。碰杯的时候要使用高脚杯杯肚碰杯，高脚杯杯壁较薄，为避免碰碎，力度不宜过大。

喝红酒的时候，切勿一饮而尽，要一小口一小口地细细品味，这样才能品尝到红酒丰富的风味。

【祝酒词】

奠基仪式是一种非常重要的公共仪式，意味着新项目的开工，是值得庆祝的大事。在这样的场合，领导在致祝酒词时，要简单介绍一下即将开工的建筑物及其意义，让大家对该建筑物充满期待。

奠基仪式展雄风，万丈高楼拔地起。

奠基典礼圆满成功祝酒词

【主题】奠基祝酒

【场合】奠基典礼宴会

【人物】校长、老师、企业代表

【致辞人】校领导代表

【致辞风格】热烈、庄重

尊敬的各位领导，各位爱心人士，老师们：

大家晚上好！

在这个迷人的金秋十月，我们相聚在这里，隆重地举行了图书馆的奠基仪式。在此，我谨代表×××小学的全体师生向来参加奠基仪式的各位来宾、各位朋友表示热烈的欢迎和衷心的感谢。

即将开工的图书馆由成志集团（化名）投资建设，成志集团是一家有社会责任感的企业，多年来一直在用实际行动回报社会，默默地奉献。在此，我谨代表×××小学的全体师生，向成志集团的领导们表示衷心的感谢。

善心留万代，真情永千秋。成志集团的义举一定会像一颗种子一样，扎根在孩子们的心中，让他们感受到社会的温暖与关爱，将来他们也一定会把这份爱传递出去，这就是爱的力量。

我们的老师们、同学们，一定不会辜负成志集团对我们的厚爱，努力工作，认真学习，以优异的成绩来回报这份关爱。

最后，让我们共同举杯，祝愿图书馆工程建设顺利，圆满完工，谢谢大家！

第九章

乔迁：华厅吉瑞，美酒相伴

　　无论是喜迁新居，还是公司喜迁新址，都是在开启崭新的篇章！在充满希望的新环境中，愿我们的人生遂愿，愿公司的事业更加辉煌。在这一美好的时刻，让我们将快乐与感激分享给亲人、朋友、同事，让它成为永恒的记忆。

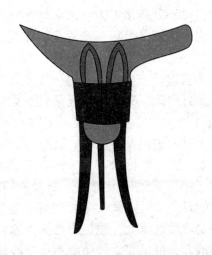

上梁：美酒敬正梁，福地呈祥

　　盖房是一件大事，而上梁是盖房工程中最关键的一步，此外，梁好则一家人平平安安、健健康康，所以，对于房主来说，上梁是一桩大喜事。房主会在上梁这一天，大摆筵席，招待盖房的工人、亲朋好友。

　　房主办上梁酒，有三层含义：第一，犒劳工人，工人盖房很辛苦，而且房子盖得好与否，工人起着关键作用，招待好工人，工人干活的时候才肯出力；第二，答谢亲朋好友，通常得知房主盖房的消息，亲朋好友会纷纷上门送钱送物，俗称"交粮"；第三，上梁是房屋大功告成的标志，值得庆贺。

　　现在自建房很多已经无梁可上，因为都改成了钢筋混凝土结构，于是，有的地方换成在房屋封顶的时候，置办酒席。其实，无论哪种形式，人们庆祝房屋落成的心情都是一样。

【酒礼酒俗】

　　房主置办上梁酒，可不是邀请工人、亲朋好友吃一顿饭这么简单，就整个上梁过程来说，喝上梁酒是最后一个程序，在此之前，房主要精心准备一番。

　　首先，上梁要选黄道吉日、良辰佳时，一般多选在正午时分，寓意着日子过得红红火火，如日中天。有的地方还会贴上梁对联，如"吉星高照（上联），福地呈祥（下联）""竖千年柱（上联），架万代梁（下联）"等。人们为什么会在上梁的时候贴对联呢？这与一个传说有关。

　　话说商周时期，姜太公云游四海，一天傍晚来到了一个小村落，村中有一户人家正在盖房，第二天就要上梁了。姜太公掐指一算，心中一惊，第二天不是一个吉利的日子，若上梁一定会让房主遭难，姜太公不忍心房主一家遭遇不幸，决定帮助这家人，便提出在房主家借宿一晚。房主家正在建房，实在腾不出地方，可见姜太公年龄不小，心地善良的房主还是把临时搭建的草屋让给了姜太公，自己则在屋外住了一夜。

第二天上梁时，姜太公写了一道符子，交给房主，说道："你把这道符子贴到房梁上，能确保你逢凶化吉，诸事顺利。"房主拿过来一看，原来这是一副对联，上联是"上梁正逢黄道日"，下联是"竖柱巧遇紫微星"。

贴上对联之后，房主便开始上梁，姜太公就站在一旁，大声地喊了几声"好"，上梁果然很顺利。后来，人们知道这副对联是出自姜太公之手，就纷纷仿效起来。凡是有人家盖房上梁，都会贴副对联讨个吉利，有的干脆写上"姜太公在此"之类的话，上梁的时候，也会有人学着姜太公的样子，大声地喊几声"好"，时至今日，这一习俗仍在有些地方流传。

此外，上梁前，祭祀是一道不可缺少的程序，人们先在供桌上摆好酒肉、水果、香烛等供品，然后把缠绕着红绸的正梁摆放到新屋堂前，木匠、泥瓦匠等工人一边向正梁敬酒，一边说好话。

虽然各地的上梁仪式有所不同，但都非常重视。

【祝酒词】

人们建房大多会办上梁酒，作为房主来说，在这个值得庆贺的美好日子里，可以借助祝酒词，表达对工人、亲朋好友的感谢，无须说太多，言简意赅地将情谊表达出来即可。

上梁酒祝酒词

【主题】上梁祝酒
【场合】上梁酒宴
【人物】房主、工人、亲朋好友
【致辞人】房主
【致辞风格】言简意赅，风趣幽默

亲爱的朋友们：

大家中午好！

在这个春风拂面、春意盎然的日子里，各位亲朋好友欢聚一堂，共同庆祝我的房子上梁成功。我谨代表我的家人，对各位的到来表示热烈的欢迎和衷心的感谢。

俗话说，人逢喜事精神爽。此时此刻，我的内心非常激动。以前我住的是房龄50年的旧房子，冬天冷夏天热，早就应该建新房了，但两个孩子在读书，家中的老人又体弱多病，我的经济压力很大，根本凑不出钱盖房。

近年来，国家推出了新政策，农村建房，国家有补贴，才使我有机会住上新房。亲朋好友得知我要建房，有钱的出钱，有力的出力，没少帮助我，千言万语无法诉说心中的感激之情，大家对我的好，我牢牢地记在了心里，日后大家有用得到我的地方，只管招呼我，我定会在所不辞。

　　我还要感谢辛苦劳作的工人朋友们，他们为了尽快让我住上新房，加班加点地工作。最令我感动的是，他们处处为我着想，尽可能地将房子盖得物超所值，在这里，我深鞠一躬，以表达我的感激之情，接下来还要仰仗各位，劳烦大家多费心了。

　　今天，我略备薄酒，聊表敬意，若有招待不周的地方，还请大家海涵。现在，让我们共同举杯，祝福大家家庭幸福，日子越过越红火，干杯！

乔迁：恭贺乔迁到新址，举杯共庆迎新生

乔迁，原意是"鸟儿飞离深谷，迁到高大的树木上去"。后来，古人把"乔迁"用作祝贺用语，贺人迁居或贺人官职升迁。

在《红楼梦》中，就有详细描绘乔迁的情节，包括选择吉日、准备祭祀用品、贴对联、放鞭炮等环节。在记载北宋都城东京风俗民情的著作《东京梦华录》中，也有关于居民乔迁习俗的描绘，如选择吉日、祭拜土地神等。

可见，古人对乔迁是非常重视的，现在也如此，因为乔迁代表着崭新的开始，人们对未来的美好生活充满了期待。乔迁之喜，不仅指家庭住宅的搬迁，也常用在商业搬迁，比如办公室搬家等。

【酒礼酒俗】

乔迁既是大喜之事，又是一件值得纪念的事情，所以，古人对乔迁非常重视，想方设法过得有仪式感。

在乔迁之前，先要根据农历和皇历，选择一个搬家的良辰吉日。在乔迁当天，人们会在新居的门前设立神坛，摆上事先准备好的水果、糕点、香烛、酒水等，点燃香烛，祭拜神明，祈求神明的保佑。祭拜完神明之后，在神坛上放上祖先的牌位，祭祀祖先，表达对祖先的敬意，恳请祖先庇护子孙后代平安幸福。

祭拜仪式完成后，要燃放烟花爆竹，以驱逐邪气和不洁之物，然后邀请亲朋好友到家中聚餐，俗称"暖房"，共同庆祝乔迁之喜。

【祝酒词】

乔迁是美好生活开始的象征，在这无比幸福的时刻，房主常常会邀请亲朋好友前来参加乔迁喜宴，共同庆祝。房主可以借此机会向各位宾朋表达自己的感谢，感谢大家一直以来对自己的关心与帮助，并希望大家能和自己一起分享、见证这份幸福与快乐。

家庭乔迁宴祝酒词

【主题】乔迁祝酒

【场合】乔迁宴会

【人物】房主、亲友、同事

【致辞人】房主

【致辞风格】言简意赅，风趣幽默

尊敬的各位来宾，各位亲朋好友：

大家好！

今天是个好日子，阳光明媚，我的心情也格外舒畅，仿佛世界都变得温柔多彩，因为今天我乔迁新居了，此时此刻我正沉浸在乔迁之喜中，无法自拔。

在这个喜庆的时刻，高朋满座，使我感到莫大的荣幸。我谨代表我的家人对各位的到来表示热烈的欢迎，对各位亲朋好友馈赠的厚礼表示衷心的感谢！

之前，我们一家四口住在只有40平方米的一居室里，经过我和妻子的奋斗，我们终于换了一套大房子。我们能够有今天实属不易，这离不开大家的关心、支持与帮助，在此，我再次向大家表示衷心的感谢。

今天，我略备薄酒，希望把我乔迁的喜气分享给大家。大家都是老朋友、老熟人，不必拘谨，一定要吃好喝好，若有礼数不周之处，还请大家海涵。

现在，让我们共同举杯，祝大家身体健康，心想事成，天天都有好心情，干杯！

春风拂面，紫气东来，乔迁正当时，喜气福气齐临门。

幼儿园乔迁宴祝酒词

【主题】乔迁祝酒

【场合】乔迁宴会

【人物】投资集团相关领导、教职工、来宾

【致辞人】投资集团相关领导代表

【致辞风格】庄重、深沉

尊敬的各位老师，各位来宾：

大家好！

莺迁乔木，燕入高楼。今天是××幼儿园乔迁的日子，我很荣幸见证了这一喜悦的时刻。首先，我代表×××集团对幼儿园乔迁新址表示热烈的祝贺。

就在刚刚，我参观了新的幼儿园，与之前的幼儿园相比，这里的硬件设施上了一个新台阶，无论是空间设计，还是颜色运用，乃至一些小细节，都充分考虑了孩子成长的需要。走进幼儿园，我再次感受到了童年的快乐！相信孩子们在这样优美的环境中，一定能健康、快乐地成长；家长们也会更加放心，更加安心，更加舒心。

最后，让我们共同祝福幼儿园明天会更好！祝各位老师们、来宾们身体健康，天天都有好心情，谢谢大家！